Christopher P. Jargodzki
und Franklin Potter

Warum Katzen immer auf die Pfoten fallen

Physikalische Rätsel und Paradoxien

Aus dem Englischen
übersetzt von
Michael Schmidt

Philipp Reclam jun. Stuttgart

Verlag und Übersetzer danken Herrn Dr. Herbert Scheingraber
vom Max-Planck-Institut für extraterrestrische Physik
in Garching für den fachwissenschaftlichen Rat bei der
Erarbeitung der deutschen Ausgabe.

Originaltitel: Mad about Physics: Braintwisters, Paradoxes
and Curiosities
Originalverlag: John Wiley & Sons, New York

RECLAM TASCHENBUCH Nr. 20167
Alle Rechte vorbehalten
Kapitel VII bis XII der Originalausgabe erscheinen in dieser
deutschen Ausgabe.
Illustrationen auf den Seiten 17, 19, 20, 21, 32, 40
© Tina Cash-Walsh
Reihengestaltung: büroecco!, Augsburg
Umschlaggestaltung: Eva Knoll, Stuttgart, unter Verwendung
einer Illustration von Kai Pannen, Hamburg
Gesamtherstellung: Reclam, Ditzingen
Printed in Germany 2008
RECLAM ist eine eingetragene Marke
der Philipp Reclam jun. GmbH & Co., Stuttgart
ISBN 978-3-15-020167-1

www.reclam.de

Für meinen verstorbenen Vater Zdzisław Jargocki

C. J.

Für meine Lehrer in den naturwissenschaftlichen
Fächern an der Mark Keppel High School,
Ms. Hager und Mr. Forrester, die als Erste
in mir die Freude an der Wissenschaft erweckten

F. P.

Inhalt

»Alles, was lediglich wahrscheinlich ist,
ist wahrscheinlich falsch.«

»Alles, was lediglich wahrscheinlich ist, ist wahrscheinlich falsch.«

Ein Rätselbuch

Der Rätselspaß geht weiter! Nach dem bereits erschienenen Band »Singender Schnee und verschwindende Elefanten. Physikalische Rätsel und Paradoxien« beschäftigen wir uns nunmehr speziell mit der Physik im Sport, in den Geowissenschaften und in der Astronomie. Hier bekommt es der Leser unter anderem mit hüpfenden Flöhen, merkwürdigen Pendeln, Badewannenstrudeln, Antigravitation, platzenden Würsten und starken Frauen zu tun. Die meisten der hier gesammelten physikalischen Probleme sind uns aus dem Alltag bekannt.

Der Schwierigkeitsgrad dieser Rätsel reicht wieder von einfachen Fragen wie »Lässt sich ein Kinderwagen mit großen Rädern leichter schieben als einer mit kleineren Rädern?« bis zu raffinierten Problemen, die eine gründlichere Analyse erfordern, wie »Ist der kürzeste Weg auch der schnellste?«, »Kann es Blitze ohne Donner geben?«, »Steht der Mond auf dem Kopf?« oder »Warum sind die Berge auf dem Mars höher?« – auch dies ist nur eine kleine Auswahl aus der Fülle der Themen. Etwa zwei Drittel des Buches sind den Antworten und Lösungen gewidmet.

Der Alltag konfrontiert uns ständig mit Phänomenen, für die wir eigentlich keine plausible Erklärung haben. Wir gehen an solche Probleme mit unserem gesunden Menschenverstand heran, doch damit kommen wir nicht immer weiter. Meist sind die wirklichen Lösungen erstaunlich. Der Philosoph René Descartes misstraute grundsätzlich den

»schnellen«, vermeintlich einleuchtenden Erklärungen, denn »alles, was lediglich wahrscheinlich ist, ist wahrscheinlich falsch«. Die unserer Intuition widersprechenden wissenschaftlichen Darstellungen erscheinen dagegen oftmals paradox. Der Widerspruch zwischen den Mutmaßungen des gesunden Menschenverstands und der physikalischen Argumentation ist das zentrale Leitmotiv dieses Buches. Einstein definierte einmal den gesunden Menschenverstand als »eine Sammlung von Vorurteilen, die man bis zum achtzehnten Lebensjahr erworben hat«, und wir geben ihm Recht: Zumindest in der Wissenschaft muss der gesunde Menschenverstand korrigiert und oft überwunden werden. Das vorliegende Buch versucht, vorgefasste Meinungen im Hinblick auf die Physik in Frage zu stellen, indem es mit Hilfe von Paradoxa (nach griechisch *para* und *doxa*, »gegen die Meinung«) geistige Unruhe erzeugt. Wir glauben nämlich, dass Paradoxa keineswegs bloß unterhaltsam sind, sondern auf einzigartige Weise spezifische Verständnisdefizite ansprechen. Der Widerspruch zwischen Bauchgefühl und physikalischer Logik mag für manche Menschen so unangenehm sein, dass sie ihn unbedingt überwinden wollen, selbst um den Preis, dass sie dabei ein wenig Physik lernen müssen.

Handelt es sich bei den Paradoxa nun um echte oder nur scheinbare Paradoxa? Nach den Standardmethoden des Physikunterrichts sind die der Intuition widersprechenden Schlussfolgerungen eindeutig nur scheinbar paradox. Diese Schlussfolgerungen mögen unerwartet und zuweilen sogar aberwitzig sein, nichtsdestoweniger basieren sie auf den elementaren Gesetzen der Physik und lassen sich experimentell bestätigen – abgesehen von ein paar Rätseln, in denen es bewusst um Trugschlüsse geht. Aber vielleicht sollten wir unser Unbehagen akzeptieren, denn schließlich sind viele Vorstellungen in der Physik nichts weiter als nützliche Fiktionen, die der Veranschaulichung dienen oder Berechnungen vereinfachen. Nützliche Fiktionen können gefährlich sein, man muss sich ihres abstrakten Charakters ständig bewusst sein. In der Physik wird seit langem darüber diskutiert, ob gewisse etablierte Vorstellungen nicht ausgedient haben und völlig eliminiert werden sollten. Heinrich Hertz, der sich schon früh an dieser Debatte beteiligte, schlug beispielsweise vor, die Mechanik Newtons neu zu formulieren, ohne dabei den Grundbegriff »Kraft« zu verwenden. So schrieb er in der Einleitung zu seinem 1899 erschienenen Werk *Prinzipien der Mechanik*: »Sind diese schmerzenden Widersprüche entfernt, so ist zwar nicht die Frage nach dem Wesen beantwortet, aber der nicht mehr gequälte Geist hört auf, die für ihn unberechtigte Frage zu stellen.« Der Philosoph Ludwig Wittgenstein, der diese Passage praktisch auswendig kannte, war so beeindruckt davon, dass er das Ziel seiner Philosophie nach Hertz definierte: »Wie ich Philosophie treibe, ist es ihre ganze Aufgabe, sie so zu gestalten, dass gewisse Beunruhigungen verschwinden.«

Paradoxa signalisieren derartige Beunruhigungen und haben folglich eine entscheidende Rolle in der Geschichte der Physik gespielt, ja oft revolutionäre Entwicklungen vorweggenommen. Die der Intuition widersprechenden Umwälzungen, die aus der Relativitätstheorie und der Quantenmechanik resultierten, verstärkten nur den Ruf des Paradoxes, Mittler für Veränderungen zu sein. Ist die physikalische Wirklichkeit immanent paradox (oder irre, um es umgangssprachlich auszudrücken), oder stellen sich Paradoxa einzig und allein dann ein, wenn wir bei der

Beschreibung der Wirklichkeit an Grenzen stoßen und vor der Aufgabe stehen, uns der alten begrifflichen Systematik zu entledigen und eine neue zu erstellen? Da dies kein philosophisches Buch ist, haben wir das Recht, uns vor einer direkten Antwort auf diese Frage zu drücken und hier mit einer Anekdote über zwei bedeutende Koryphäen der Physik des 20. Jahrhunderts zu schließen: Niels Bohr und Wolfgang Pauli. Vor einigen Jahrzehnten saß Bohr unter den Zuhörern, die Pauli lauschten, wie er seinen frühen Versuch erklärte, die Relativitätstheorie und die Quantenmechanik miteinander zu versöhnen. Anschließend stand Bohr auf und sagte: »Wir sind uns alle darin einig, dass Ihre Theorie absolut verrückt ist. Aber wir sind uns nicht einig, ob Ihre Theorie verrückt genug ist.«

Liebe Leserin, lieber Leser,

diese Rätsel und Probleme sollen Ihnen Spaß machen. Daher ist es nicht wichtig, wie viele davon Sie lösen können. Ja, einige beschäftigen die Physiker schon seit Jahrzehnten und haben daher eine umfangreiche Forschungsliteratur hervorgebracht. Solche Fragen werden meist am Ende jedes Kapitels gestellt und durch ein Sternchen hervorgehoben. Nur selten wird es Ihnen gelingen, zu einer detaillierten Lösung aller Rätsel zu gelangen. Ja, manchmal werden Sie vielleicht sogar ein wenig nachdenken müssen, um die Antwort überhaupt zu verstehen. Hätten wir nämlich alle Schritte bis zur Lösung aufgeführt, dann hätte sich der Umfang des Buches leicht verdoppeln können. Wenn Sie die Rätsel einfach verblüffend und faszinierend finden, haben wir unser Ziel erreicht.

Die meisten Aufgaben sind ihrem Charakter nach nicht mathematisch und erfordern nur die Anwendung fundamentaler physikalischer Prinzipien. Viele physikalische Begriffe werden direkt oder indirekt in verschiedenen Passagen definiert, einige Fachbegriffe werden in einem kleinen Glossar erläutert.

Dieses Buch soll ein Gewinn für Leser sein, die Lust haben ihren Kopf zu gebrauchen und die mehr über die Anwendung der Physik auf reale Phänomene erfahren möchten.

I Bewegte Körper

»Wenn du die Wahrheit suchst, sei offen für das
Unerwartete, denn es ist schwer zu finden und ver-
wirrend, wenn du es findest.«

Heraklit

In der Mechanik stellen die Newton'schen Axiome eine
ausgezeichnete Annäherung an das Verhalten der Natur
dar, sofern man nicht relativistische Geschwindigkeiten in
Betracht zieht. Nun wollen wir herausfinden, wie gut Sie
diese Axiome auf die Denksportaufgaben, Paradoxa und
Trugschlüsse anwenden können, die wir im folgenden Kapitel zusammengestellt haben. Wie Sie bei den meisten
Aufgaben feststellen werden, sollten Sie nach sorgfältiger
Lektüre zunächst eine wohl überlegte Auswahl der idealen
physikalischen Eigenschaften und der Annäherungen treffen. Wenn sich eine eindeutige Lösung nicht von selbst
ergibt, sollten Sie nacheinander auf die Idealisierungen
verzichten, bis Sie zu einer zufrieden stellenden Erklärung
gelangen.

1. Die Superfrau

Die Frau in der Zeichnung versucht, sich und den Sitz vom Boden zu heben, indem sie am Seil nach unten zieht. Was wird Ihrer Meinung nach geschehen?

2. Wie man sich selbst nach oben zieht

Kann der abgebildete Mann sich selbst und den Rollblock vom Boden hochheben? Schließlich sieht es doch ganz so aus, als wolle er versuchen, sich wie der Lügenbaron Münchhausen an den eigenen Haaren aus dem Sumpf zu ziehen.

3. Die Federwaage

Eine Federwaage hängt an einem langen Seil von der Decke. An dieser Waage wird ein zweites Seil befestigt, so straff gespannt, dass die Waage 50 Kilo anzeigt, und dann am Boden verankert. Was wird Ihrer Meinung nach die Waage anzeigen, wenn man nun ein Gewicht von 30 Kilo an den Haken der Waage hängt?

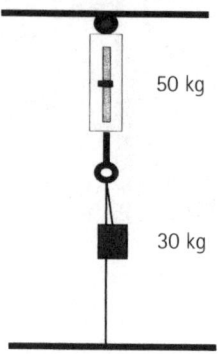

4. Der Affe und die Bananen

Dieses alte Problem soll von Charles Dodgson stammen (der unter seinem Pseudonym Lewis Carroll als Autor von *Alice im Wunderland* berühmt wurde): Ein langes Seil wird über eine Rolle geführt. An das eine Seilende wird ein Bündel Bananen gebunden, das andere Ende wird von einem Affen mit der gleichen Masse gehalten. Was wird mit den Bananen geschehen, wenn der Affe das Seil hinaufzuklettern beginnt? Gehen Sie von einem idealen Seil und einer idealen Rolle aus: Beide haben kein Eigengewicht, das Seil dehnt sich nicht aus, und die sich drehende Rolle wird nicht durch Reibung gebremst.

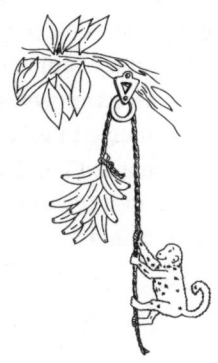

5. Die Sanduhr auf der Waage

Eine Sanduhr wird auf einer empfindlichen Waage gewogen, und zwar zunächst wenn sich der ganze Sand in der unteren Kammer befindet, und dann nachdem die Sanduhr umgedreht worden ist und der Sand nach unten rieselt. Wird die Waage in beiden Fällen das gleiche Gewicht anzeigen?

6. Wie viel wiege ich denn nun eigentlich?

Selbst wenn Sie auf einer genauen Waage ganz still stehen, schwankt der Zeiger um die Marke Ihres Durchschnittsgewichts. Warum? Welchen Wert zeigt die Waage Ihrer Meinung nach in dem Augenblick an, in dem Sie von der Waage absteigen?

7. Wie man sich selbst anschieben kann

Eine Frau steht auf einem Holzbrett und schlägt mit einem schweren Hammer auf ein Ende des Brettes. Das Brett und die Frau bewegen sich zusammen. Wahrscheinlich haben

Sie so etwas auch schon mal als Kind gemacht und festgestellt, dass Sie sich auf diese Weise über den Fußboden fortbewegen konnten. Man kann sich vorstellen, dass die Frau und das Brett von einer großen Kiste umgeben sind, wobei die Frau noch genügend Platz hat, um den Hammer zu schwingen, sodass die beschriebene Bewegung erfolgt. Die Kiste scheint sich ohne ersichtliche äußere Hilfe ruckartig vorwärts zu bewegen.

Verstößt diese Aktion nicht gegen das erste Newton'sche Axiom? Ein Körper verharrt in Ruhe oder bewegt sich mit konstanter Geschwindigkeit weiter, wenn keine resultierende äußere Kraft auf ihn einwirkt. Die Gleitreibung zwischen dem Brett und dem Fußboden ist eine relevante horizontale äußere Kraft. Leider ist diese Gleitreibungskraft der Bewegung des Bretts entgegengesetzt – wie kann also die Reibung das Brett vorwärts bewegen?

8. Das Hoppelpferdchen

Vielleicht kennen Sie ja dieses alte Spielzeugpferdchen. Es hat gerade Beine, die nur an den seitlichen Befestigungen am Körper vorwärts und rückwärts schwingen. Zieht man es an einer Schnur über eine Tischplatte, hoppelt es dahin.

Stellen Sie sich vor, das Spielzeugpferdchen sei so aufgestellt, wie es in der Zeichnung dargestellt ist. Das Pferd
wird von der konstant auf die Schnur einwirkenden Kraft
vorwärts gezogen und beginnt etwa dreißig Zentimeter
vom Tischrand entfernt zu hoppeln, wobei die Schnur über
die Tischkante läuft und das hängende Objekt trägt (das
hier aus mehreren Büroklammern besteht). Wie verhält
sich Ihrer Meinung nach das Pferdchen, nachdem es be-
gonnen hat, sich vorwärts zu bewegen?

9. Zwei Kanonen

Was wird geschehen, wenn zwei identische Kanonen aufeinander zielen und die Granaten gleichzeitig und mit der
gleichen Geschwindigkeit abgefeuert werden (wobei wir
den Luftwiderstand vernachlässigen)? Eine Kanone ist
zwar höher als die andere, aber beide sind exakt aufeinander ausgerichtet.

10. Das Gravitationsgesetz

Das Newton'sche Gravitationsgesetz wird zuweilen durch
die Gleichung $F = GMm/d^2$ ausgedrückt, wobei F die Kraft
zwischen zwei Objekten mit den Massen M und m, d der

Abstand zwischen ihren Massenmittelpunkten und *G* die Gravitationskonstante ist. Ist diese Gleichung eine korrekte Formulierung des Newton'schen Gravitationsgesetzes?

Für eine interessante Anwendung stellen Sie sich einen Zimmermannswinkel vor, dessen Massenmittelpunkt sich

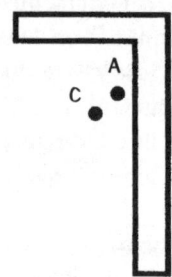

im Punkt C im Raum zwischen seinen beiden Armen befindet. Ein kleiner kugelförmiger Körper in C müsste eine unendliche Anziehung ausüben, weil die Entfernung zwischen den Massenmittelpunkten null ist! Dieses Ergebnis ist eindeutig unsinnig. Ja, man könnte die kleine Kugel sogar näher zur inneren Ecke des Winkels platzieren (bei A), um eine Bewegung zu erzeugen, die wie eine Abstoßung erscheint! Wie löst man dieses Dilemma?

11. Einen Besen balancieren

Sie können einen Meterstab auf einem Finger balancieren, wenn Sie ihn an seinem Schwerpunkt – am Mittelpunkt also – auf den Finger legen. Beide Hälften sind gleich schwer. Auch einen Besen können Sie auf Ihrem Finger balancieren, wenn Sie ihn an seinem Schwerpunkt darauflegen. Angenommen, Sie schneiden den Besen in zwei

Teile, und zwar durch den Schwerpunkt, und wiegen jeden Teil auf einer Waage. Würden beide Teile gleich viel wiegen?

12. Es lebe der Unterschied!

Gibt es einen erheblichen Unterschied hinsichtlich der Lage des Massenmittelpunkts von Mann und Frau? Die folgende Demonstration, die gerne als »Partytrick« dargeboten wird, kann einige Informationen liefern. Eine kniende Frau legt zuerst ihre Ellbogen, Arme und Hände zusammen (als ob sie »beten« würde), wobei die Ellbogen die Knie berühren und die Unterarme auf dem Boden liegen. Eine Streichholzschachtel oder ein ähnliches Objekt wird vor ihren Fingerspitzen aufgestellt. Dann soll die Frau die Hände hinter dem Rücken verschränken und die Streichholzschachtel mit der Nase umstoßen, ohne dabei nach vorn umzukippen. Im Allgemeinen können Frauen diese Aufgabe ausführen, die meisten Männer hingegen nicht. Warum nicht?

13. Das Waage-Paradox

Die beiden abgebildeten gleich schweren Objekte können frei auf den horizontalen Stäben gleiten, die zu einer Art Pantograph miteinander verbunden sind. Der Pantograph ist so konstruiert, dass die vertikalen Verbindungsteile stets vertikal und die längeren horizontalen Stäbe stets parallel bleiben, wenn sich das System nach der einen oder anderen Seite neigt. Das linke Objekt ist gerade weiter nach draußen als das rechte Objekt verschoben worden. Welches Ende wird nach unten gehen – oder vielleicht keins?

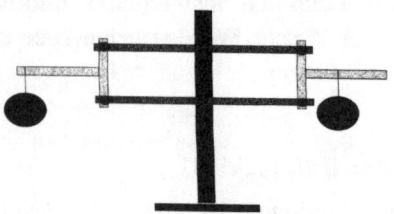

14. Der Seiltänzer

Seiltänzer halten auf hohen Drahtseilen eine schwere horizontale Stange in den Händen. Man sollte meinen, dass dieses zusätzliche Gewicht jeden Schritt schwerer macht als eine leichtere Stange. Was geht hier vor? Und wie würde ein Physiker das Gewicht der Stange verteilen?

15. Einen senkrechten Stock balancieren

Im Allgemeinen sind Körper mit niedrigen Schwerpunkten in der Lage stabiler als Körper mit hohen Schwerpunkten. So lässt sich beispielsweise ein Bleistiftstummel ganz leicht auf sein flaches Ende stellen, während es viel schwieriger ist, einen langen Stock auf sein flaches Ende zu stellen. Paradoxerweise allerdings ist es viel leichter, einen langen Stock mit seinem höheren Schwerpunkt auf einer Fingerspitze zu balancieren als einen kurzen Bleistift. Warum?

16. Magische Finger

Legen Sie einen gleichförmigen Stab (etwa einen Meterstab oder ein langes Rundholz) so auf beide Zeigefinger, dass er nicht horizontal, sondern deutlich geneigt ist. Halten Sie die Finger zunächst fast gleich weit vom Schwerpunkt entfernt. Bevor Sie die Finger bewegen, sagen Sie voraus, welcher Finger sich zuerst bewegen wird: der höher oder der tiefer gelegene Zeigefinger? Bewegen Sie nun die Zeigefinger langsam aufeinander zu und stellen Sie fest, welcher sich zuerst bewegt.

17. Das Suppendosenrennen

Wenn Sie gleichzeitig eine massive Kugel, einen massiven Zylinder und einen Reifen am oberen Ende einer schiefen Ebene loslassen, wird die gleichförmig dichte Kugel jedes Mal das Rennen gewinnen – egal wie groß oder klein ihre Masse oder ihr Radius im Vergleich zur Masse und zum Radius von Reifen und Zylinder ist.

Eine verbreitete Variante ist das Rennen zwischen einer Dose Nudelsuppe mit Huhn und einer Dose Brokkolicremesuppe. Welche Dose gewinnt Ihrer Meinung nach? Hängt das Ergebnis von den Abmessungen der Dose ab? Von den Massen? Wovon hängt die Beschleunigung auf der schiefen Ebene ab?

18. Der Stehaufkreisel

Der Plastikstehaufkreisel ist wie ein Pilz geformt. Wenn Sie den sich drehenden Kreisel auf dem Boden loslassen, richtet er sich bald auf, während er sich weiter dreht. Dreht

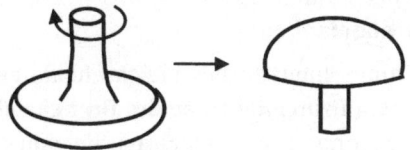

sich der Kreisel, wenn man ihn vor dem Aufrichten von oben betrachtet, im Uhrzeigersinn, in welcher Richtung dreht er sich danach? Welche Rolle spielt die Reibung beim Aufrichten?

19. Der mysteriöse Keltische Wackelstein

Die meisten dieser Steine haben eine ellipsoidförmige Unterseite, wobei die lange Achse des Ellipsoids in einem Winkel von fünf bis zehn Grad zur langen Achse der flachen Oberseite verläuft. Wenn man einen »Keltischen Wackelstein« in der »falschen« Richtung dreht, wird er rasch anhalten, ein paar Sekunden auf und ab wackeln und sich dann in der entgegengesetzten Richtung drehen. Wie lässt sich dieses geheimnisvolle Verhalten erklären?

20. Die geheimnisvolle Pistolenkugel

Zwei ideale Pistolenkugeln, die nach Form, Größe und Masse identisch sind, treffen auf dieselbe Zielscheibe mit der gleichen Geschwindigkeit auf. Kraftmessgeräte an der Zielscheibe registrieren den doppelten Kraftwert für Kugel A im Vergleich zu Kugel B. Geht eines der Kraftmessgeräte falsch?

21. Der Massenmittelpunkt eines Dreiecks und eines Kegels

Der Massenmittelpunkt eines gleichschenkligen Dreiecks liegt bei einem Drittel der Höhe des Dreiecks über der Basis (siehe Zeichnung a). Betrachten Sie nun einen geraden Kreiskegel mit dem gleichen Querschnitt (siehe Zeichnung b). Liegt sein Massenmittelpunkt ebenfalls bei einem Drittel der Höhe des Kegels über der Basis?

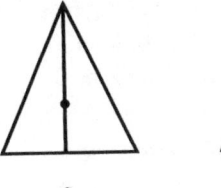

a   b

22. Oben liegen bleiben

Wenn Sie einen Eimer, der teilweise mit unterschiedlich großen Äpfeln gefüllt ist, ein paar Minuten lang schütteln, bleiben gewöhnlich die größten Äpfel oben liegen. Warum?

23. Antigravitation

Führen Sie folgenden Versuch durch: Haken Sie zwei Büroklammern zusammen und schieben Sie die beiden entgegengesetzten Enden in zwei Trinkhalme. Legen Sie diese Trinkhalme auf einen dritten Halm oder einen Bleistift, legen Sie dann eine Murmel auf das untere Ende und spreizen Sie langsam die Halme am oberen Ende. Überraschenderweise scheint die Murmel bergauf zu rollen! Wie kann die Murmel scheinbar die Schwerkraft überwinden?

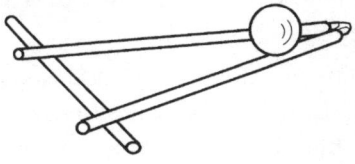

24. Welche Kugel ist zuerst da?

Stellen Sie sich vier schiefe Ebenen vor, die zusammengesetzt einen Rhombus bilden (siehe Zeichnung). Zwei identische Kugeln werden in A gleichzeitig losgelassen, so dass die eine über ABC und die andere über ADC rollt. Welche Kugel ist Ihrer Meinung nach zuerst in C?

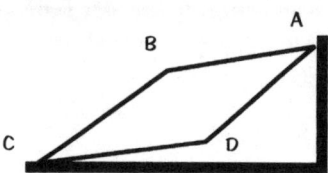

25. Ist der kürzeste Weg auch der schnellste?

Stellen Sie sich eine reibungslose Perle vor, die am Punkt P in der Zeichnung losgelassen wird. Zeichnen Sie den schnellsten Weg vom Punkt P zu den Punkten A, B und C ein. Mit geraden Linien werden Sie es einfach nicht schaffen! Sie werden Wege brauchen, die mit einem senkrechten Gefälle beginnen. Warum?

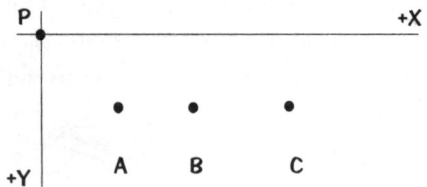

26. Die unbeschränkte Brachistochrone (Fallkurve)

Zwei identische Murmeln starten mit der gleichen Anfangsgeschwindigkeit und rollen auf zwei unterschiedlichen Bahnen: Kugel A rollt auf einer geraden Bahn mit
einer leichten Neigung vom Start zum Ziel, Kugel B rollt
von der gleichen Startposition zur gleichen Zielposition
die Täler und Hügel der zweiten Bahn hinab und hinauf.
Wenn beide Kugeln gleichzeitig aus der Ruhelage starten,
welche wird Ihrer Meinung nach als Erste das Ziel erreichen? Wie ist das zu erklären?

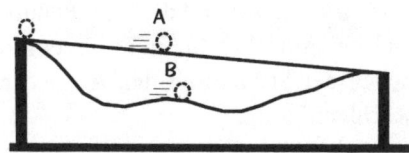

*27. Kippende Stangen

Nehmen Sie zwei identische Stangen mit einheitlichem
Querschnitt, lassen Sie die eine unverändert und befestigen Sie am oberen Ende der anderen eine schwere Masse.
Stellen Sie sie so hin, dass sie mit dem unteren Ende eine
Wand berühren, aber im gleichen Winkel von ihr abste-
hen. Lassen Sie nun die Stangen gleichzeitig los, sodass sie
auf den Boden zu fallen beginnen. Was wird Ihrer Meinung nach geschehen? Angenommen, die schwere Masse
würde weiter unten an der Stange befestigt. Was wird geschehen?

*28. Welcher Zylinder ist hohl?

Sie haben zwei Zylinder von identischer Größe und Masse, die aus Materialien von unterschiedlicher Dichte bestehen. Der Zylinder aus dem dichteren Material ist hohl. Wie können Sie feststellen, welcher von beiden Zylindern hohl ist?

*29. Wie die Reibung die Bewegung unterstützt

Normalerweise meinen wir, dass die Reibung der Bewegung entgegenwirkt. Kann die Reibung aber auch die Bewegung unterstützen? Ja. Tatsächlich erleben wir tagtäglich immer wieder, wie nützlich die Reibung ist. Wenn zum Beispiel ein Auto beschleunigt, erzeugt die Haftreibung zwischen der Straße und den Antriebsrädern diese Vorwärtsbeschleunigung.

Doch nun zu folgendem Fall: Kann die Reibung eine größere Beschleunigung eines Objekts erzeugen? Stellen Sie sich vor, Sie wickeln ein Seil mehrmals im Uhrzeigersinn um einen horizontalen Zylinder (etwa eine große Spule) mit der Masse M und ziehen daran nach rechts mit einer horizontalen Kraft F, sodass der Zylinder rollt, ohne zu rutschen. Können Sie beweisen, dass die horizontale Beschleunigung des Zylinders $4/3\ F/M$ beträgt – das heißt, größer ist als die Beschleunigung F/M, die erzeugt wird, wenn der Zylinder einfach auf der Oberfläche ohne jede Rotation oder Reibung bewegt wird? Denken Sie daran, dass die aufgewandte Kraft F und die Haftreibung die einzigen äußeren horizontalen Kräfte sind, die auf den Zylinder einwirken. Die Schlussfolgerung scheint zwingend: Die Haftreibung muss in der gleichen Richtung erfolgen wie F, um dem Zylinder dabei zu helfen, sich schneller zu bewegen. Ist an dieser Schlussfolgerung irgendetwas falsch?

*30. Die folgsame Spule

Nehmen Sie eine große Spule, am besten eine Kabeltrommel. Wickeln Sie ein breites Band um die Achse der Spule. Versuchen Sie nun, am Band zu ziehen, geschieht etwas Unerwartetes. Wenn Sie den Winkel zwischen dem Band und der Senkrechten vergrößern, können Sie die Spule dazu bringen, auf Sie zuzurollen. Wenn Sie diesen Winkel verringern, können Sie die Spule von sich wegrollen lassen. Schließlich lässt sich ein Winkel zwischen diesen beiden Winkeln ermitteln, bei dem die Spule einfach über den Boden rutscht, ohne zu rollen. Wie erklären Sie dieses merkwürdige Verhalten?

*31. »Und der Sieger ist …«

Bei einem Wettlauf auf einer schiefen Ebene wird eine massive Kugel von einheitlicher Dichte stets einen massiven Zylinder schlagen. Letzterer wird stets einen Reifen schlagen. Wie geht Ihrer Meinung nach das Rennen aus, wenn ein massiver Kegel in einem Wettlauf gegen die anderen drei Körper die schiefe Ebene *gerade* hinabgerollt wird? Wie schaffen Sie es, dass der massive Kegel geradeaus rollt?

*32. Schwung holen

Die meisten Kinder sind in der Lage, eine Schaukel aus dem Ruhezustand zu starten, und zwar ohne jede äußere Hilfe und ohne den Boden oder andere Objekte zu berühren. Wie schaffen sie das?

*33. Auf einer Schaukel im Stehen Schwung holen

Wenn man ein Kind, das auf einer Schaukel steht, ein wenig anschiebt, kann es bald durch Ausprobieren erlernen, wie es durch einen Aufschaukelungsprozess, der die Anfangsschwingung verstärkt, Höhe gewinnt.

*34. Auf einer Schaukel im Sitzen Schwung holen

Holt man anders Schwung, wenn man auf einer Schaukel sitzt, als wenn man auf ihr steht?

*35. Das sich drehende Rad

Ein Mann hält das Rad eines Fahrrads mit einem mit Blei gefüllten Reifen vor der Brust, wobei er je ein Ende der horizontalen Achse mit den ausgestreckten Händen festhält. Das senkrecht stehende Rad wird zwischen seinen Armen zum Drehen gebracht. Angenommen, der Mann möchte die Ebene des sich drehenden Rads leicht nach links um seine gegenwärtige senkrechte Achse drehen – das heißt, die Rad-

achse horizontal lassen, während sich ihr linkes Ende seinen Rippen nähert und sich das rechte Ende von ihnen entfernt. Wird der Trick gelingen, wenn er mit der rechten Hand nach vorn drückt und mit der linken nach hinten zieht?

*36. Aufprall auf eine massive Wand

Stellen Sie sich vor, ein Ball mit der Masse m, der sich mit einer Geschwindigkeit v bewegt, prallt frontal gegen eine massive Wand. War der Aufprall elastisch, springt der Ball einfach mit der gleichen Geschwindigkeit v zurück. Aber wenn das stimmt, dann wird die kinetische Energie des Balles, $1/2\ mv^2$, zwar erhalten, aber sein Impuls mv nicht, weil seine Geschwindigkeit (ein Vektor) jetzt in die entgegengesetzte Richtung gerichtet ist.

Der aufmerksame Leser wird nun vielleicht sagen, die Gesetze von der Erhaltung von Impuls und Energie müssten auf das gesamte System angewandt werden, das ja aus dem Ball und der Wand (oder Wand + Erde) besteht. Richtig. Dann muss die Summe aus der Impulsveränderung des Balles (Endimpuls minus Anfangsimpuls), $m(-v) - mv = -2mv$, und der Impulsveränderung von Wand + Erde, $MV - M(0) = MV$, null ergeben. Aber dann wird die Energie nicht erhalten, denn die Gesamtenergie vor dem Aufprall ist $mv^2/2$, während die Gesamtenergie nach dem Aufprall $mv^2/2 + MV^2/2$ beträgt. Wie lässt sich dieses Paradox lösen?

*37. Newton's Cradle

Newton's Cradle, das Kugelstoßpendel, ist ein beliebtes Spielzeug, das aus fünf Stahlkugeln besteht, die alle die gleiche Größe und Masse haben und in einer Reihe im Kontakt miteinander an jeweils zwei Fäden aufgehängt sind. Wenn man nun eine Kugel an einem Ende zurückzieht und loslässt, bewegt sich die Kugel am anderen Ende nach außen und so fort. Zieht man zwei Kugeln am selben Ende zurück und lässt sie zusammen los, bewegen sich zwei Kugeln am anderen Ende nach außen. Das Gleiche funktioniert natürlich auch mit drei oder vier Kugeln … Die Kugeln können offenkundig zählen! Wie ist das möglich?

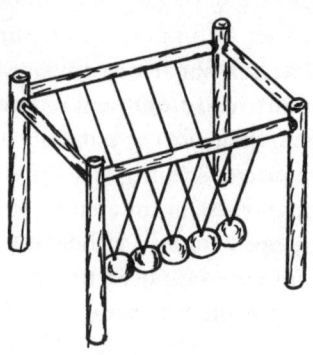

*38. Hämmern

Warum ist es leichter, einen kleinen Pfahl mit einem schweren Hammer in den Boden zu treiben als mit einem leichteren Hammer, obwohl sich dieser doch mit großer Geschwindigkeit schwingen lässt und damit enorme Energie übertragen kann? Beim Schmieden ist das Gegenteil der Fall: Hier ist der Hammer viel leichter als der Amboss. Warum?

*39. Erhöhte Geschwindigkeit

Wird ein kleiner Ball auf einen großen Ball gelegt, und beide Bälle werden zusammen fallen gelassen, geschieht etwas Dramatisches, sobald die Kombination vom Boden zurückspringt. Der kleine Ball saust nach oben und kann eine Höhe erreichen, die fast neun Mal höher ist als seine ursprüngliche Höhe! Können Sie erklären, warum?

*40. Das Ringpendel

Ein gleichförmiger Reifen hängt von einem Messerrücken senkrecht herab. Wird er in der senkrechten Ebene in Schwingung versetzt, hat dieses physikalische Pendel eine natürliche Schwingungsperiode. Anschließend werden symmetrische Abschnitte vom unteren Rand des Reifens abgeschnitten. Wie groß ist die Periode des halben Reifens? Des Viertelreifens? Warum ist das Verhalten dieses Schwingungssystems so überraschend?

*41. Ein parametrisches Pendel

Ein einfaches Pendel schwingt frei mit seiner natürlichen Frequenz f_0. Plötzlich beginnt sein Aufhängepunkt in einer einfachen harmonischen Bewegung mit der Frequenz f auf und ab zu schwingen. Wie groß muss f sein, damit sich die Amplitude der Pendelschwingung rasch erhöht?

II Eine Frage der Struktur

>»Nichts geschieht ohne Ursache, sondern alles hat
>einen zureichenden Grund.«
>
> *Demokrit*

Strukturen bilden die Grundlage aller materiellen Objekte,
von der Atomstruktur bis zu den Strukturen im Inneren
von lebenden Organismen, von den von Menschen errich-
teten Strukturen auf der Erde bis zu den Strukturen des
Universums. In diesem Kapitel beschränken wir uns auf
vertraute Strukturen und einige ihrer einfachen Grund-
lagen sowie auf einige ihrer Besonderheiten. Bei diesen
kniffligen Aufgaben bekommen Sie es unter anderem
mit hüpfenden Flöhen, Doppel-T-Trägern und platzenden
Würsten zu tun.

42. Der Doppel-T-Träger

Stahlträger, wie sie beim Bauen verwendet werden, haben oft den Querschnitt eines I oder eines doppelten T, wobei sich das Material überwiegend in den großen Flanschen an der Ober- und Unterseite konzentriert, während der Verbindungssteg ziemlich dünn ist. Warum ist diese besondere Form so universal einsetzbar?

43. Das Aluminiumrohr

Eine massive Aluminiumstange und ein Aluminiumrohr mit dem gleichen Durchmesser weisen nicht die gleiche Stärke auf, wenn identische Biegekräfte auf beide einwirken. Was wird Ihrer Meinung nach geschehen?

44. Zwei Rollen

Zwei identische Rollen, deren Mittelpunkte sich auf der gleichen Ebene befinden, werden mit einem Riemen verbunden. Die Rolle links ist die Antriebsrolle. Wann ist die maximale Kraft, die vom Riemen übertragen werden kann, größer: wenn sich die Rollen im Uhrzeigersinn drehen oder wenn sie sich gegen den Uhrzeigersinn drehen?

45. Die Tensegrity-Struktur

Die abgebildete Struktur zeigt einen Tensegrity-Turm – hierbei handelt es sich um einen Turm, der nur aus unter Druck stehenden Stäben und unter Spannung stehendem Draht erbaut ist. Keiner der massiven Stäbe berührt andere Stäbe, sondern Drähte verbinden die entsprechenden Stabenden. Wieso ist diese Konstruktion selbsttragend?

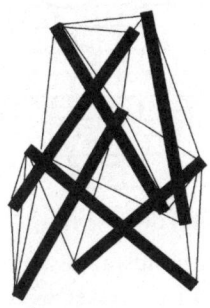

46. Vertikaler Druck

Ziegelsteine, wie sie für Gebäude verwendet werden, haben ein spezifisches Gewicht von 19 000 Newton pro Kubikmeter und eine Druckfestigkeit von mindestens 40 MN/m². Aufgrund der hohen Druckfestigkeit ließe sich ein Turm, der die Last tragen würde, von rund zwei Kilometer Höhe bauen. Tatsächlich sind die meisten Ziegelbauten viel niedriger, und selten tragen sie Lasten, die mehr als 3 Prozent des Bruchgewichts betragen. Und doch sind einige dieser niedrigen Gebäude sogar trotz eines so großen Sicherheitsfaktors umgefallen. Was ist hier passiert?

47. Das Schiff in der Höhe

An vielen Orten der Welt gibt es Kanäle, die tiefer liegende Gebiete auf Brücken überqueren. Ändert sich die Nettolast auf der Kanalbrücke, wenn ein Schiff darüber fährt?

48. Hält doppelt auch in der Länge besser?

Zwei Schnüre sind identisch, außer dass die eine Schnur doppelt so lang wie die andere ist. Jede Schnur wird an einem Ende an einer starren Halterung befestigt, straff gespannt und am unbefestigten Ende plötzlich ruckartig angezogen. Was wird Ihrer Meinung nach geschehen?

49. Der Schiffsanker

Ein Schiffsanker ist ein massiver Haken, der mit dem Schiff durch eine kräftige Metallkette verbunden ist.
Doch Ankerketten können durchaus brechen, besonders wenn unerfahrene Seeleute damit umgehen. Wie kann so etwas passieren?

50. Zwei Schraubenbolzen

Die Zeichnung zeigt zwei identische Schraubenbolzen, die so zusammengehalten werden, dass ihre Gewinde ineinander greifen. Während der Bolzen A stationär bleibt, drehen Sie den Bolzen B um ihn herum. Achten Sie darauf, dass sich die Bolzen nicht zwischen Ihren Fingern drehen. Werden sich die Bolzenköpfe einander nähern, voneinander entfernen oder gleich weit voneinander entfernt bleiben?

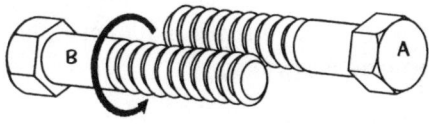

51. Die Zweige eines Baums

Ein Baum muss die Nährstoffe zwischen seinem zentralen Stamm und den äußersten Blättern über einen einigermaßen direkten Weg befördern. Warum kann ein Baum dann nicht jedes seiner Blätter über einen separaten Zweig versorgen? Anders gefragt: Warum kommt das Verzweigungsmuster in Zeichnung (a) in der Natur so viel häufiger vor als das radiale Muster mit Einzelverbindungen in Zeichnung (b)?

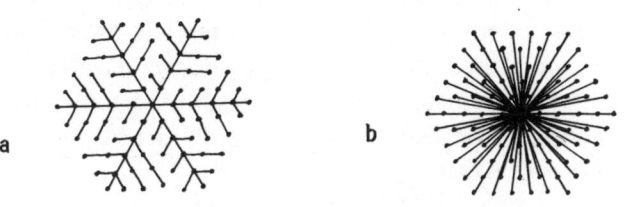

a   b

52. Hurrikane und Stürme

Die Kraft, die ein 200 km/h schneller Hurrikan auf ein Haus ausübt, ist etwa zwei Mal so stark wie die von einem 100 km/h schnellen Sturm – oder?

53. Der Statiker

Während draußen ein schweres Unwetter tobte, feierte man im Haus eine wilde Silvesterparty. Ein anwesender Statiker bemerkte: »Dieses Haus wurde auf seine Steifheit hin konstruiert, nicht auf seine Stärke!« Müsste sich der Besitzer Sorgen machen?

54. Meine Arterien sind steif!

Wohl jeder hat sich schon mal darüber beklagt, dass am Tag nach einem anstrengenden Krafttraining seine Gelenke steif werden. Dagegen können wir die Steifheit, die zu jeder Zeit und in allen Altersgruppen in unseren Arterien herrscht, nicht spüren – und dabei sind die Arterien viel steifer als die meisten anderen Biomaterialien im menschlichen Körper. Warum müssen die Arterienwände so steif sein?

Was Steifheit bedeutet, zeigt ein Vergleich mit anderen Materialien. Die meisten technischen Materialien dehnen sich um weniger als 1 Prozent ihrer Länge, die meisten Baumetalle um weniger als 0,1 Prozent aus. Man spricht hier von steifen Materialien. Im Gegensatz dazu können sich viele Biomaterialien zwischen 50 und 100 Prozent ausdehnen, wie zum Beispiel die Harnblasenmembran bei jungen Menschen.

55. Der Sportbogen

Die Gebrauchsanleitung eines Sportbogens weist den Schützen meist ausdrücklich darauf hin, die Sehne des Bogens nicht ohne einen eingelegten Pfeil schnellen zu lassen. Warum?

56. Das Geheimnis der Bratwurst

Die Haut einer Bratwurst kann während des Bratens platzen, wenn der Druck im Inneren zu groß wird. In welcher Richtung wird die Haut wohl eher platzen – der Länge nach oder um die Wurst herum?

57. Mein Auto ist eine Stahlkiste!

Praktisch alle Autos haben heutzutage eine Karosserie, die im Prinzip eine Art Stahlkiste ist. Vor Jahrzehnten wurde die Karosserie anders gebaut: Bleche wurden auf einen Rahmen geschraubt, der auf ein X- oder H-Chassis geschraubt wurde. Wenn man einmal von den Kostenunterschieden absieht, warum erfolgte die Umstellung auf die Stahlkistenfertigung moderner Autos?

58. Ballonstruktur

Manche Sportstadien haben ein kuppelförmiges Stoffdach, das nur vom Luftdruck getragen wird. In kalten oder regnerischen Klimazonen sieht man auch Tennishallen und Schwimmbäder mit ähnlichen blasenartigen Stoffdächern. Wie ist es möglich, dass diese Dächer nur mit Hilfe von ein paar Ventilatoren richtig aufgeblasen bleiben?

*59. Hüpfende Flöhe

Flöhe können bis zu 33 cm hoch springen – über 100 Mal so hoch wie ihre eigene Länge! –, wobei sie eine Beschleunigung von 140 g entwickeln. Wenn wir Menschen dies im Verhältnis zu unserer Körpergröße schaffen würden, könnten wir über ein 50 Stockwerke hohes Gebäude hinwegspringen. Warum schaffen wir dies aber nicht?

*60. Die Vergrößerung von Tieren

Wenn ein Tier vergrößert wird, nimmt sein Gewicht um die dritte Potenz der linearen Dimensionen zu – durch die gleichzeitige Verdoppelung von Höhe, Länge und Breite eines Tieres wird also sein Gewicht acht Mal größer. Die Stärke der Knochen und Muskeln erhöht sich mit dem Querschnitt, also um das Quadrat der linearen Dimension. Somit hätte ein »verdoppeltes« Tier Knochen und Muskeln, die nur vier Mal so stark wären, aber das achtfache Gewicht zu tragen hätten.

Aber die Natur ist sehr geschickt und konstruiert keine unangemessen großen Tiere, die nicht in der Lage wären, sich selbst zu tragen! Wie groß müssten somit die Beinknochen sein, um das Achtfache des ursprünglichen Gewichts zu tragen? Und was müsste mit den Rippen und Wirbeln geschehen?

*61. Eine Treppe bis zur Unendlichkeit

Ziegel werden so aufeinander gestapelt, dass jeder neue Ziegel über den Ziegel darunter hinausragt, ohne hinunterzufallen. Kann der oberste Ziegel um mehr als seine Länge über das Ende des untersten Ziegels hinausragen?

*62. Das Lasso

Was macht ein Cowboy, damit sich eine Lassoschlinge
ständig dreht? Gibt es eine minimale Drehgeschwindig-
keit?

III Auf der Überholspur

»Der Geist des Widerspruchs und die Lust
zum Paradoxon steckt in uns allen.«

Johann Wolfgang Goethe

Das Thema Transport und Verkehr ermöglicht es uns nun, die in den beiden vorangegangenen Kapiteln behandelten Konzepte über Mechanik und Strukturen in Aufgaben zusammenzubringen, anhand derer wir die Funktionsweise der von Menschen gemachten Maschinen mit Sicherheit besser verstehen werden. Kinderwagen, Fahrräder, Autos und viele andere Möglichkeiten und Formen von Transport und Verkehr wollen wir in diesem Kapitel untersuchen. Haftreibung, Gleitreibung und Rollreibung spielen in vielen dieser Aufgaben ganz unterschiedliche Rollen, also passen Sie gut auf. Immerhin – die Fahrzeuge kennen den Unterschied!

63. Der Kinderwagen

Lässt sich ein Kinderwagen mit Rädern von 60 Zentimetern Durchmesser leichter schieben als einer mit Rädern von nur 30 Zentimetern Durchmesser?

64. Der fallende Radfahrer

Stellen Sie sich vor, Sie fahren mit dem Fahrrad auf einem geraden Weg, plötzlich merken Sie, dass Sie sich nach einer Seite hin neigen – wegen einer Unebenheit auf der Fahrbahn oder wegen eines Windstoßes. Ein Anfänger wird instinktiv versuchen, zur anderen Seite zu lenken, und gleich darauf wird er sich mit dieser Reaktion Prellungen und Abschürfungen einhandeln. Ein erfahrener Radfahrer hingegen lenkt in Fallrichtung. Warum?

65. Vollbremsung

Bei Autos sind die Bremsen an den Vorderrädern im Vergleich zu denen an den Hinterrädern entweder größere Trommelbremsen oder Scheibenbremsen. Scheibenbremsen überhitzen sich nicht so leicht wie Trommelbremsen, weil sie dem Luftstrom ausgesetzt sind. Daher sind Scheibenbremsen bei Vollbremsungen verlässlicher, da die untereinander in Kontakt befindlichen Bremsmaterialien ihre Gleitreibungseigenschaften großenteils behalten. Warum vertraut man also mehr den Vorderradbremsen?

66. Bremsen

Marieke fährt mit ihrem Auto auf einer ebenen Straße, legt den Leerlauf ein und lässt den Wagen ausrollen. In dem

Augenblick, da die Geschwindigkeit gleich null ist, betätigt sie abrupt die Bremse. Was verspürt sie? Wenn Marieke eine sanfte Steigung hinauffährt, den Leerlauf einlegt, ausrollt und dann bei Geschwindigkeit null die Bremse betätigt, was verspürt sie in diesem Fall? Sind die beiden Fälle identisch?

67. Überraschungsauto

Stellen Sie sich vor, Sie haben zwei identische Spielzeugautos, ein schwarzes und ein weißes, und beide haben vier Räder, die unabhängig voneinander rollen. Nun blockieren Sie die Vorderräder des weißen Autos und die Hinterräder des schwarzen Autos, indem Sie ein Stück gefaltetes Papier zwischen die Räder und die Karosserie klemmen. Dann lassen Sie die Autos, deren Kühler nach unten zeigen, am oberen Rand eines geneigten glatten Bretts los. Was wird Ihrer Meinung nach geschehen?

68. Die Motorbremse

Manche Bedienungsanleitungen empfehlen dem Fahrer, den Motor des Autos als »Zusatzbremse« zu nutzen, wenn er ein langes, steiles Gefälle hinabfährt. In welchem Gang könnte diese Bremswirkung am größten ausfallen?

69. Das Getriebe

Dampflokomotiven und Elektroautos benötigen kein Getriebe, Autos mit Verbrennungsmotoren aber schon. Warum?

70. Das Reifenprofil

Das Reifenprofil dient dazu, den Reifen auf der Straße mehr Halt zu geben. Wenn Sie diese Behauptung bejahen, warum verwenden dann Rennautos »Slicks« (profillose Reifen), und warum haben Bremsbeläge kein Profil?

71. Der starke Wind

Herr X fährt schnell. Von links bläst ein starker Wind, aber zum Glück ist die Straße trocken, sodass das Auto keine Probleme hat, auf seiner Spur zu bleiben. Plötzlich wird das Auto vor dem Auto von Herrn X langsamer, sodass er gezwungen ist zu bremsen. Dabei tritt er zu heftig aufs Pedal – die Räder blockieren und geraten auf der Autobahn ins Rutschen. Unerwartet schiebt der starke Wind das Auto nun ohne weiteres auf die nächste rechte Spur, als ob sich die Straße in eine rutschige Eisbahn verwandelt hätte. Warum kann der Wind nun so viel mehr ausrichten?

72. Räder

Vergleichen Sie die beiden abgebildeten Räder. Am rechten Rad (von einem Fahrrad) sind die Speichen tangential montiert, am linken (von einem historischen Planwagen) radial. Warum dieser Unterschied?

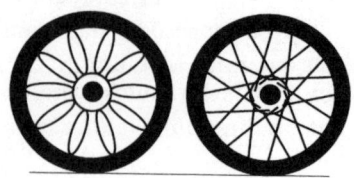

73. Newtons Paradox

Stimmt diese Behauptung: Wenn ein Pferd einen Wagen vorwärts zieht, dann zieht der Wagen im gleichen Maß am Pferd rückwärts? Bei diesem Tauziehen, so scheint es zumindest aus der Perspektive des Verbindungsseils, wird an jedem Seilende mit gleich großen Kräften gezogen. Tatsächlich kann man nachweisen, dass die Kräfte an den beiden Enden des Seils stets gleich und einander entgegengesetzt sind. Was das Seil betrifft, ergibt also die Addition der entgegengesetzten Kräfte immer null. Aus dem Ruhezustand heraus kann daher keine Bewegung erfolgen. Wie gelingt es dem klugen Pferd dennoch, den Wagen aus dem Ruhezustand vorwärts zu ziehen?

74. Die folgsamen Gepäckwagen

Gepäckwagen auf dem Flughafen, die hintereinander an einer Zugmaschine hängen, beschreiben einen überraschenden Weg, wenn sie um eine Kurve fahren. Welchen Weg nimmt jeder nachfolgende Wagen? Warum?

75. Die Rolltreppe

Stellen Sie sich eine Rolltreppe, die zwischen den Etagen aufwärts und abwärts fährt, oder ein horizontales Laufband vor, wie es auf Flughäfen gebräuchlich ist. Wenn mehr Menschen die Rolltreppe oder das Laufband betreten, wie wirkt sich das Ihrer Meinung nach auf die Geschwindigkeit aus?

76. Die Achterbahnfahrt

Steven, Annelies und Annabel fahren gern Achterbahn. Steven sitzt am liebsten im vordersten Wagen, Annelies lieber in einem mittleren und Annabel gerne im letzten Wagen. Wenn die Achterbahn die erste Steigung hinauf- und über die Kuppe hinwegfährt, erlebt jeder der drei Fahrgäste die Fahrt anders. Warum?

77. Die Klothoid-Schleife

Warum sind große Loopings bei Achterbahnen nicht kreisförmig, sondern vielmehr tropfenförmig (so genannte Klothoide)?

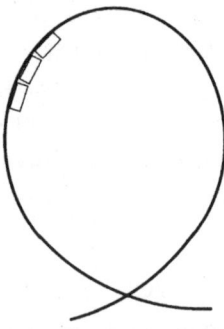

Klothoiden-Looping

78. Beim Abbiegen

Wenn ein Auto um die Ecke biegt, beschreiben die Vorderräder Bögen mit unterschiedlichen Radien, ebenso die Hinterräder. Geraten hierbei die Räder etwa ins Rutschen?

79. Das übermotorisierte Auto

Ein Motor mit 20 oder weniger PS würde eigentlich genügen, um ein Auto konstant mit 80 km/h anzutreiben. Warum baut man Autos mit 100, 200 oder mehr PS?

80. Autos mit Vorderradantrieb

Warum kommen Autos mit Vorderradantrieb auf schneebedeckten Straßen besser zurecht als Autos mit Heckantrieb? Wie kann man die Traktion (Zug) eines Pickups mit Heckantrieb verbessern?

81. Der gut gepackte Rucksack

David, Richard und Paul wandern fast jedes Wochenende. Sie packen ihre Rucksäcke so, dass die schwereren, dichteren Gegenstände weiter oben und die leichteren, weniger dichten Sachen weiter unten liegen. Ist diese Anordnung wissenschaftlich gesehen sinnvoll? Und anatomisch gesehen?

82. Die schnellsten Tiere

Der Gepard ist das schnellste Landtier – er kann in kurzen Spurts ein paar Sekunden lang eine maximale Geschwindigkeit von über 110 km/h erreichen und vielleicht gut zehn Sekunden lang eine Geschwindigkeit von über 80 km/h halten. Fast genauso schnell ist der Gabelbock auf den Hochebenen von Colorado – auf jeden Fall hat er eine größere Ausdauer, ist er doch in der Lage, mehrere Minuten lang, also eine ziemlich lange Zeit, rund 90 km/h schnell zu rennen. Der Elefant kann eigentlich überhaupt nicht rennen, das heißt, alle vier Füße gleichzeitig vom Boden abheben. Wie erklären Sie sich diese Unterschiede im Laufvermögen?

83. Das schwankende Brett

Ein Brett wird wie in der Zeichnung auf die beiden sich drehenden Wellen gelegt. Schon bald sieht man, wie dieses Brett wiederholt nach links und nach rechts schwankt. Warum schießt es nicht wie ein Projektil in einer Richtung davon?

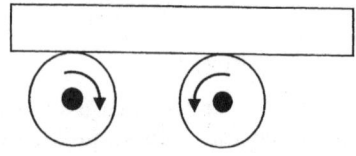

*84. Die Tretkurbel

Ein Fahrrad wird locker aufrecht gehalten, wobei die Tretkurbeln (die Stangen, die die Pedale mit dem Zahnkranz verbinden) senkrecht stehen. Das untere Pedal wird horizontal nach hinten gezogen. In welcher Richtung wird sich das Fahrrad bewegen? Und wohin drehen sich die Tretkurbeln?

54

*85. Um die Ecke biegen

Wenn sich ein Fahrrad plötzlich auf eine Seite neigt, wird sich der Radfahrer aus dieser prekären Lage befreien, indem er in die Richtung des drohenden Sturzes lenkt. Wenn ein Radfahrer dagegen um eine Ecke biegen will, wird er, kurz bevor er sie erreicht, zuerst das Vorderrad in die entgegengesetzte Richtung lenken. Warum?

*86. Rennfahrer

Profirennfahrer erhöhen die Geschwindigkeit, wenn sie um eine Kurve fahren. Warum?

*87. Die Sperrmauer

Sie fahren zu schnell auf einer Straße, die T-förmig in eine andere Straße mündet. Auf der anderen Seite der Querstraße befindet sich direkt vor Ihnen eine Sperrmauer. Was müssen Sie tun, um nicht gegen die Mauer zu prallen – geradewegs auf die Mauer zusteuern und dann voll auf die Bremse treten oder nach links in einem kreisförmigen Bogen abbiegen?

IV Sportlich

»Die gefährlichste Weltanschauung ist die Weltanschauung derjenigen, die die Welt nicht angeschaut haben.«

Alexander von Humboldt

Die meisten Sportarten sind eine Kombination aus Mechanik und der Biophysik des Säugetiers Mensch. Daher sind uns durch die Gesetze der Physik und durch unsere Physiologie Grenzen gesetzt. Die Kraft eines Muskels nimmt zwar proportional zu seinem Querschnitt zu, aber auch große Muskeln liefern ohne die richtigen Fähigkeiten keine Weltklasseleistungen. Mit entsprechendem Training und genügend Praxis können wir uns zu maximaler Leistungsfähigkeit steigern. Befassen Sie sich also geistig mit den folgenden kniffligen Aufgaben, die veranschaulichen, welche beachtlichen Dinge Menschen zu leisten vermögen.

88. Starke Frauen

Bei gleichem Körpergewicht sind Frauen genauso stark wie Männer. Wahr oder falsch?

89. In der Luft stehen

Herausragende Springer unter den Basketballspielern scheinen dank außergewöhnlicher Körperbeherrschung zuweilen in der Luft zu stehen, bevor sie einen Wurf machen. Aber noch erstaunlicher sind die Fähigkeiten von Balletttänzern und -tänzerinnen – hier kann sich ein beachtliches, scheinbar müheloses Sprungvermögen mit außergewöhnlicher Körperbeherrschung und Anmut verbinden. Balletttänzer scheinen in der Lage zu sein, ihren Körper bewusst sekundenlang im Flug erstarren zu lassen. Kann ein durchtrainierter Mensch wirklich »in der Luft stehen«?

90. Gute Laufschuhe

In den letzten zwanzig Jahren wurden die unterschiedlichsten Laufschuhe entwickelt – zuweilen enthalten sie Luftpolster und Schaumstoffkeile oder haben keine Zunge mehr. Ist das Schuhdesign meist bloß ein Werbegag, oder steckt hinter den heutigen Laufschuhen tatsächlich eine gewisse Biophysik?

91. Sprints

Warum müssen Sprinter bei Hundert-Meter-Läufen nicht atmen?

92. Die Strategie bei Langstreckenläufen

Warum vermeiden Läufer es bei Mittel- und Langstreckenläufen – ab 1500 Meter –, in den Anfangsphasen mit maximaler Geschwindigkeit zu laufen? Eigentlich sollte man doch die gesamte Strecke mit maximaler Geschwindigkeit laufen, um seine maximale Leistung zu erzielen, statt gegen Ende plötzlich zu beschleunigen – oder nicht?

93. Wie sich die Höhenlage auf Hochsprungrekorde auswirkt

Seit Newton wissen wir, dass der effektive Beschleunigungswert der Schwerkraft g sowohl von der Höhe über dem Meeresspiegel wie von der Erddrehung in einer bestimmten geographischen Breite abhängt. Ja, es gibt sogar eine Formel zur Berechnung von g für jede Breite und Höhenlage. Warum also berücksichtigt das Komitee, das Weltrekorde in der Leichtathletik nachprüft, nicht auch die geographische Lage, insbesondere beim Hoch- und Weitsprung?

94. Hochspringer als Schlangenmenschen

Hochspringer wenden die Technik des »Fosbury-Flops« an: Sie verdrehen sich so, dass sie mit dem Rücken nach unten die Latte überqueren, die weit über ihrer eigenen Körpergröße liegt. Warum wölben sie ihren Körper so stark im Scheitelpunkt des Sprungs? Eigentlich möchte man doch meinen, dass sie die zusätzliche Anstrengung, mit der sie dann die Beine über die Latte heben müssen, dazu nutzen könnten, höher zu springen! Kann der Schwerpunkt des Hochspringers die Latte unterqueren?

95. Stabhochspringer

Der Weltrekord im Stabhochsprung liegt gegenwärtig bei 6,14 m. Inwieweit ist die Sprunghöhe von der Länge des Stabes abhängig? Bedeutet die Verlängerung des Stabes zugleich einen potentiell höheren Sprung?

96. Basketball

Jeder Basketballspieler wirft den Ball aus den Fingerspitzen mit einer leichten Drehung des Handgelenks, sodass der Ball automatisch Backspin bekommt. Warum ist es so wichtig, einen Basketball mit Backspin zu werfen?

97. Unmögliches Kunststück?

Finden Sie heraus, ob Sie folgendes Kunststück schaffen. Stellen Sie sich vor die Kante einer offenen Tür, wobei Ihre Nase und Ihr Bauch die Kante berühren und Ihre Füße leicht darüber hinausragen. Versuchen Sie nun, sich auf die Zehenspitzen zu erheben. Warum ist dieses Kunststück nicht zu schaffen?

98. Der Effetball

Was bewirkt, dass beim Baseball ein mit Effet geworfener Ball in einer Kurve fliegt? In welcher Richtung kurvt der Ball bei einem rechtshändigen Pitcher? Und bei einem linkshändigen Pitcher?

99. Unter Wasser atmen

Taucher atmen unter Wasser in einer Tiefe von 2 Metern meist über ein Atemgerät. Warum können sie nicht einfach durch ein langes Rohr oder einen Schnorchel atmen, dessen oberes Ende an einem Schwimmer an der Oberfläche befestigt ist?

100. Tricks beim Wasserspringen

Kann eine geübte Wasserspringerin ihre Salti und Schrauben in der Luft ausführen, lange nachdem sie das Sprungbrett verlassen hat? Oder muss sie damit anfangen, bevor sie den Kontakt mit dem Brett verliert?

101. Die geschickte Katze

Wenn man eine Katze über einem weichen Kissen verkehrt herum fallen lässt, wird sie mysteriöserweise auf den Füßen landen. Wie schafft das Tier die Drehung, ohne sich von etwas abzustoßen?

102. Die akrobatische Astronautin

Kann eine Astronautin, die zunächst keinen Drehimpuls hat, sich in jede beliebige Richtung bewegen?

103. Das Gefühl beim Golfschlag

Manche Golfprofis nehmen den Augenblick, in dem der Golfschlägerkopf den Ball trifft, durch ein Gefühl wahr, das sie an ihren Händen empfinden. Tritt diese Empfindung unmittelbar mit dem Ballkontakt des Schlägers auf?

104. »Skifahrer, beugt euch vor!«

Warum rufen Skilehrer ihren Schülern »Vorbeugen!« zu? Diese erwünschte Körperausrichtung ist für Anfänger unnatürlich – sie versuchen meist kerzengerade parallel zu den Bäumen neben der Piste zu bleiben. Ist die Empfehlung des Skilehrers in physikalischer Hinsicht sinnvoll?

105. Skischwung mit Antizipation

Warum springen professionelle Skifahrer »zu früh«? Kurz bevor sie an die Hangkante gelangen, erheben sie sich rasch aus der geduckten Haltung und ziehen die Beine hoch, damit die Skier sich vom Boden lösen, bevor sie den steileren Teil erreichen. Hat diese Technik irgendeinen Vorteil?

106. Fahrradfahren

Warum ist es eigentlich leichter, eine Strecke mit dem Fahrrad zu fahren als sie im Laufen zurückzulegen?

107. Zugvögel

Hat die V-Formation, die ein Schwarm Zugvögel einnimmt, irgendeinen physikalischen Vorteil?

108. Tödliche Oberflächenspannung

Die Oberflächenspannung ist eine Kraft, die große Tiere kaum wahrnehmen – für Insekten jedoch ist sie tödlich. Warum?

*109. Laufgeschwindigkeiten von Tieren

Die maximale Laufgeschwindigkeit auf ebenem Boden ist fast unabhängig von der Größe eines Tieres. So kann zum Beispiel ein Kaninchen genauso schnell rennen wie ein Pferd. Doch wenn sie bergauf rennen, hängen kleine Tiere größere leicht ab. Ein Hund etwa rennt bergauf leichter als ein Pferd, das sein Tempo verlangsamen muss. Wie lassen sich diese Feststellungen anhand der Körpergröße begründen?

*110. Energieumsatz von Organismen

Die Energiemenge, die erforderlich ist, um das Leben in Organismen zu erhalten – der so genannte Energieumsatz –, ist ungefähr proportional zur Körpermasse hoch 3/4. Sollte der Energiebedarf eines Organismus nicht in direkter Proportion zur Körpermasse zunehmen statt in irgendeiner Potenz kleiner als 1?

*111. Der »Sweet Spot« beim Tennisschläger

Warum hat ein Tennisschläger einen »Sweet Spot«? Wo liegt er? Kann es mehr als einen »Sweet Spot« geben?

*112. Golfballdellen

Warum haben Golfbälle Dellen? Sie erhöhen doch bestimmt die Luftturbulenzen um den Ball!

V Insel im Kosmos

»Es lässt sich schwer sagen, was Wahrheit ist, aber
manchmal ist es leicht, etwas Falsches zu erkennen.«

Albert Einstein

Was für ein wunderbarer Planet ist doch unsere Erde! Wir
aalen uns in den Sonnenstrahlen, die die Atmosphäre der
Erde durchdringen, wir schwimmen im Wasser ihrer Seen
und Ozeane, im Winter stapfen wir durch den Schnee und
stemmen uns gegen kalte Winde, und über Radiowellen in
der Atmosphäre senden wir einander Signale. Aber können wir uns diese Phänomene mit Hilfe der Physik erklären? Hier eine kleine Kostprobe von Fragen, die Ihnen
Appetit darauf machen soll, Genaueres darüber zu erfahren, wie dieses große dynamische System unserer Plane-
teninsel im Kosmos funktioniert. Wenn Sie gelernt haben,
wie sich viele Konzepte aus früheren Kapiteln anwenden
lassen, sollten Sie für diese schwierigen Aufgaben gerüstet
sein.

113. Kaltes Badevergnügen

In den USA ist das Meerwasser an der Pazifikküste gewöhnlich viel kälter als an der Atlantikküste. Warum?

114. Wellen am Strand

Ein Beobachter am Strand sieht größere Wellen stets direkt auf sich zukommen, wobei die Wellenkämme parallel zur Küste verlaufen, obwohl man doch in einiger Entfernung von der Küste erkennen kann, dass sie in einem Winkel zur Küste heranrollen. Was veranlasst die Wellen, sich nach der Küste auszurichten?

115. Meeresfarben

Aus einem Flugzeug, das übers Meer fliegt, sieht das direkt unter einem liegende Wasser viel dunkler aus als zum Horizont hin. Warum?

116. Die Stabilität eines Schiffes

Im Allgemeinen verbinden wir einen niedrigen Schwerpunkt mit Stabilität. Doch bei einem schwimmenden Schiff muss der Schwerpunkt über seinem Verdrängungsschwerpunkt liegen (also über dem anzunehmenden Zentrum der Auftriebskraft), damit es stabil ist. Warum?

117. Polareis

Warum gibt es in der Antarktis acht Mal so viel Eis wie in der Arktis?

118. Die arktische Sonne

Die Zeichnung zeigt die aufeinanderfolgenden Positionen der Sonne während einer Zeit von ein paar Stunden, wie man sie in Alaska beobachten kann. Können Sie annähernd sagen, in welche Kompassrichtung der Beobachter geschaut hat? Und zu welcher Tages- oder Nachtzeit war der niedrigste Sonnenstand zu beobachten?

119. Immer im Kreis herum

Polarforscher, die sich verlaufen, sollen stark dazu neigen, in der Nähe des Nordpols stetig nach rechts und in der Nähe des Südpols stetig nach links im Kreis herumzuirren. Fällt Ihnen dazu eine mögliche Erklärung ein?

120. Wetterregeln

Treffen Ihrer Meinung nach die folgenden hausgemachten Wettervorhersagen zu? Wenn ja, wie lautet ihre Begründung?
1. Vor starkem Regen werden Ihre Gelenke wahrscheinlich eher schmerzen als sonst.
2. Frösche quaken mehr vor einem Unwetter.
3. Wenn Blätter ihre Unterseiten zeigen, wird es bald regnen.
4. Ein Ring um den Mond bedeutet Regen, wenn das Wetter bislang klar ist.
5. Vögel und Fledermäuse fliegen vor einem Gewitter tiefer.

6. Man kann die Temperatur bestimmen, wenn man einer Grille lauscht.
7. Taue straffen sich vor einem Unwetter.
8. Fische kommen vor einem Gewitter an die Oberfläche.
9. »Singende« Stromleitungen signalisieren eine Wetteränderung.

121. Windrichtungen

Auf der Erde wehen Winde direkt von Hochdruckgebieten zu Tiefdruckgebieten. Wahr oder falsch?

122. Tiefgefroren

Aus rein astronomischen Gründen müsste es auf der Südhalbkugel der Erde kältere Winter und heißere Sommer als auf der Nordhalbkugel geben. Tatsächlich wurde die bislang niedrigste Temperatur in der Antarktis gemessen: −89,2 Grad. Doch im Großen und Ganzen machen die besonderen Verhältnisse auf der Südhalbkugel diesen Trend sehr effektiv wieder wett. Von welchen geheimnisvollen astronomischen Gründen und besonderen Verhältnissen ist hier die Rede?

123. Wetterfronten

Liegen kalte und warme Luft nebeneinander, wie dies in einer Wetterfront der Fall ist, selbst wenn am Boden kein Druckunterschied auftritt, fungieren die warme und die kalte Luft als Hoch- beziehungsweise Tiefdruckgebiet. Der Druckunterschied zwischen ihnen lässt die so genannten thermischen Winde aufkommen. Andererseits wissen wir, dass kalte Luft dichter als warme Luft ist, also müsste doch eigentlich die kalte Luft mit einem Hochdruckgebiet gleichgesetzt werden. Wie lösen wir diesen offenkundigen Widerspruch?

124. Blitz und Donner

Donner ist der Schall, der von Gasen erzeugt wird, die sich im Kanal einer Blitzentladung rasch ausdehnen. Wenn aber Blitz und Donner praktisch gleichzeitig auftreten, warum ertönen dann die typischen Donnergeräusche? Warum grollt, grummelt, dröhnt und kracht es?

125. Blitze ohne Donner?

Kann es Blitze ohne Donner geben?

126. Die Richtung des Blitzschlags

Verlaufen Blitze zwischen einer Wolke und dem Boden aufwärts oder abwärts?

127. Das elektrische Feld im Freien

Wenn Sie an einem klaren Tag ins Freie treten, sind Sie von einem abwärts gerichteten elektrischen Feld von etwa 100 Volt pro Meter an der Erdoberfläche umgeben. Die Feldstärke schwankt erheblich, je nach Standort, Topographie, Tageszeit und Wetterzustand. Auf Berggipfeln vorgenommene Messungen fallen im Durchschnitt viel höher aus als Messungen auf See oder auf flachem Land. Und umgekehrt: Beobachtungen in Tälern ergeben im

Durchschnitt etwas niedrigere Werte. Wenn sich eine aufgeladene Gewitterwolke nähert, kann das Feld bis auf 10 000 Volt pro Meter ansteigen. Warum werden Sie von dieser Spannung nicht getötet?

128. Das Maximum im globalen elektrischen Feld

Die Schwankung des globalen atmosphärischen elektrischen Feldes weist ein tägliches Maximum um 19 Uhr Standardweltzeit (Greenwich Mean Time) auf. Können Sie sich denken, warum?

129. Reichweite des Rundfunkempfangs

Nachts sind ferne Lang-, Mittel- und Kurzwellensignale viel leichter zu empfangen. Ja, um Interferenzen zu verhindern, müssen die meisten Lang- und Mittelwellensender (AM-Band) bei Einbruch der Dunkelheit ihre Energie herunterfahren oder sogar das Senden einstellen. Welche Bedingungen tragen nachts dazu bei, dass die Reichweite von Radiowellen zunimmt?

130. Autoradioempfang

Vielleicht haben Sie auch schon festgestellt, dass das AM-Band im Autoradio ausfällt, wenn Sie unter einer Brücke hindurchfahren, während das FM-Band (UKW) in der gleichen Situation weiter zu empfangen ist. Warum gibt es einen so großen Unterschied beim Empfang von AM- und FM-Signalen?

131. Der Badewannenstrudel

Wenn das Wasser in einer Badewanne abgelassen wird, entsteht eine Verwirbelung oder eine Strudelbewegung um den Abfluss. Viele Menschen glauben, der Strudel drehe sich auf der Nordhalbkugel stets gegen den Uhrzeigersinn und auf der Südhalbkugel stets im Uhrzeigersinn und dieser Effekt beruhe auf der Erdrotation. Stimmt das?

132. Die Schwerkraft in der Nähe eines Gebirges

Die Erdanziehung in der Nähe eines Gebirgszugs, so könnte man erwarten, würde bewirken, dass ein Senkblei in einem Winkel herabhängt, der geringfügig von der Senkrechten abweicht. So steht es tatsächlich auch in vielen Physiklehrbüchern. Allerdings ist die beobachtete Abweichung überraschenderweise viel kleiner, als es theoretische Berechnungen vorhersagen. Ja, diese Abweichung ist praktisch gleich null, was anscheinend darauf hindeutet, dass ein Gebirgszug keine zusätzliche Anziehung auf ein Senkblei ausübt. Sehen Sie einen Ausweg aus diesem scheinbaren Paradox?

133. Die Schwerkraft im Erdinneren

Viele Menschen meinen, dass die Schwerefeldstärke $g(r)$ abnähme, wenn man sich unter die Erdoberfläche begäbe. Bei einer massiven Kugel mit dem Radius R, der Gesamtmasse M und einer gleichförmigen Dichte gilt für das Schwerefeld in einer Entfernung r vom Mittelpunkt: $g(r) = (GM/R^3)r$. Es weist also eine lineare Zunahme vom Mittelpunkt zur Oberfläche auf (siehe Abbildung S. 72). Kann man davon ausgehen, dass diese einfache Relation auch in der realen Welt existiert?

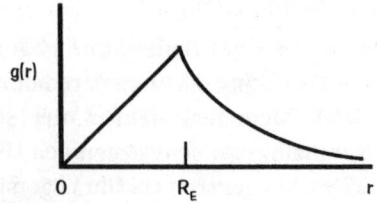

134. Warum ist die Erdanziehung an den Polen größer?

Oft wird erklärt, die Erdanziehung sei an den Polen deshalb größer als am Äquator, weil die Erdoberfläche an den Polen aufgrund der Abplattung der Erde dem Erdmittelpunkt etwa 21 Kilometer näher ist. Ist dies der Hauptgrund?

135. Der Grüne Strahl

Bei Sonnenuntergang kann man, kurz bevor der letzte Rest der Sonnenscheibe verschwindet, zuweilen einen außergewöhnlichen Effekt beobachten – den so genannten Grünen Strahl. Dieser Effekt kann nur wahrgenommen werden, wenn die Luft klar und der Horizont deutlich sichtbar ist – also gewöhnlich auf See, im Gebirge oder in der Wüste. Wie kann man dieses Phänomen erklären?

*136. Mäandernde Flüsse

Einen geraden Fluss gibt es überhaupt nicht. Ja, man hat herausgefunden, dass die Strecke, auf der irgendein Fluss gerade verläuft, normalerweise das Zehnfache seiner Breite an dieser Stelle nicht überschreitet. Zunächst könnten wir annehmen, dass sich ein Fluss windet, weil er auf die Erhebungen und Senken in der Landschaft direkt reagiert. Falsch! Auf einer typischen glatten und sanft geneigten schiefen Ebene fließt Wasser nicht gerade bergab – vielmehr windet und wendet es sich, als ob es verzweifelt versuchen würde, den geraden Weg nach unten zu vermeiden. Warum?

*137. Energie aus unserer Umgebung

Weit verbreitet ist der Glaube, aufgrund des zweiten Hauptsatzes der Thermodynamik könnten wir die Energie in unserer Umgebung nicht dazu verwenden, nützliche Arbeit zu verrichten. So kann zum Beispiel ein Rennboot nicht Wasser ansaugen, daraus Energie beziehen, die seine Schiffsschrauben antreibt, und die sich dabei bildenden Eisklumpen über Bord werfen. Der zweite Hauptsatz scheint solche Möglichkeiten zu verbieten, weil bei einer niedrigen Temperatur ein geeigneter Wärmespeicher fehlt. Tatsächlich aber existiert ein solcher Wärmespeicher, und er steht ohne weiteres zur Verfügung. Fällt Ihnen irgendwas dazu ein?

*138. Die Temperatur der Erde

Wovon hängt die Temperatur der Erde ab? Die Wärme aus dem Erdinneren kann es nicht sein. Verglichen mit der von der Erdoberfläche absorbierten Sonnenwärme ist ihr Beitrag zu vernachlässigen. Im Gleichgewichtszustand muss die Menge des absorbierten Sonnenlichts im Durchschnitt der Menge der ins Weltall zurückgestrahlten Energie gleich sein. Die Gleichgewichtstemperatur, die sich aus dieser Gleichheit ergibt, beträgt 256 K oder −17 °C, und das ist rund 30 °C unter dem tatsächlich gemessenen Wert. Ist uns da ein Fehler unterlaufen, oder haben wir irgendetwas Wichtiges weggelassen?

*139. Der Treibhauseffekt

Ist es sinnvoll, den Zusammenhang zwischen der zunehmenden Konzentration von Kohlendioxid und dem mutmaßlichen Ansteigen der globalen Temperaturen als »Treibhauseffekt« zu bezeichnen? Manche Menschen behaupten, Treibhäuser seien warm, weil sie wie eine Strahlenschleuse arbeiten: Das Glas ist transparent für die Sonnenstrahlung, aber undurchlässig für die Infrarotstrahlung. Andere Leute erklären demgegenüber, Treibhäuser würden bloß vor dem Wind schützen – sie würden nur die Übertragung von Konvektionswärme unterdrücken. Wer hat Recht?

*140. Messung des Erdumfangs

Um 200 v. Chr. stieß Erathostenes, der Leiter der berühmten Bibliothek in Alexandria, zufällig auf eine einfache Methode, den Umfang der Erde zu bestimmen. Er las, dass im ägyptischen Syene (Assuan) am 21. Juni um die Mittagszeit Obelisken keine Schatten werfen und Sonnenlicht direkt in einen Brunnen fällt. Er beobachtete, dass in Alexandria (das direkt nördlich von Syene liegt) am gleichen Tag um die Mittagszeit die Sonne etwa 7 Grad südlich vom Zenit steht. Dann ließ er die Entfernung zwischen Syene und Alexandria ermitteln, wahrscheinlich durch einen Bematisten, einen Wegvermesser, der darin geübt war, mit gleich großen Schritten zu gehen. Die Entfernung betrug 5000 Stadien. Mit Hilfe dieser Zahl errechnete er den Erdumfang nach der Formel (360°/7°) × 5000. Das ergab ungefähr 250 000 Stadien, das entspricht einer Größe von 42 000 bis 46 000 Kilometern, und das war um rund 5 Prozent zu groß.

Die Methode ist zwar einfach, aber sehr aufwändig. Heute kann jeder den Umfang der Erde innerhalb einer Toleranz von weniger als 10 Prozent ermitteln, indem er einfach einen Sonnenuntergang beobachtet. Können Sie erklären, wie das funktioniert?

VI Hatte Galilei Recht?

> »Was wir wissen, ist ein Tropfen;
> was wir nicht wissen, ein Ozean.«
>
> *Isaac Newton*

Draußen im Weltall erwartet uns ein ganzes Universum kniffliger physikalischer Aufgaben, aber in diesem Kapitel müssen wir uns gar nicht so weit über unser eigenes Sonnensystem hinauswagen, um auf überraschende Phänomene zu stoßen. Wir alle bestaunen die Sterne unserer Galaxis, und sie bilden den Hintergrund, vor dem die Planeten über den Himmel wandern. Unser Mond ist natürlich ein regelmäßiger Besucher an unserem Himmel, und zwar Tag und Nacht. Seit dem 20. Jahrhundert gesellen sich künstliche Erdsatelliten hinzu, die flink über den Himmel wandern und uns damit daran erinnern, wie nahe sie eigentlich sind. Angesichts so vieler vertrauter Objekte könnten wir unendlich viele Fragen stellen. Hier sind ein paar, die Ihr Denken auf die Probe stellen.

141. Sichtbarkeit von Satelliten

Wie kommt es, dass die meisten künstlichen Erdsatelliten nur etwa während der ersten beiden Stunden nach Sonnenuntergang oder während der letzten beiden Stunden vor Sonnenaufgang zu sehen sind?

142. Ein sterbender Satellit

Ein sterbender künstlicher Erdsatellit taucht zum letzten Mal, bevor er sich in der Atmosphäre in seine Bestandteile auflöst, mehrere Tage lang um die gleiche Zeit in der gleichen Himmelsgegend auf. Warum?

143. Cape Canaveral

Warum wurden die ersten amerikanischen Satelliten von Cape Canaveral in Florida gestartet? Allgemeiner gefragt: Warum sind Weltraumstartzentren wie das Kennedy Space Center in Cape Canaveral zu den Tropen hin ausgerichtet?

144. Schwerelosigkeit in einem Flugzeug

Schwerelosigkeit lässt sich 20 bis 30 Sekunden lang in einem Flugzeug herstellen, wenn es eines der folgenden Manöver ausführt: (a) einen Innenlooping (hier liegt der Mittelpunkt der Schleife über dem Flugzeug), (b) einen

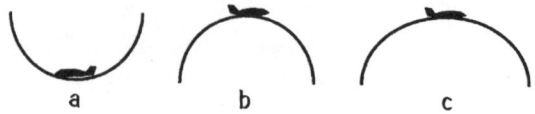

a   b   c

kreisförmigen Außenlooping (hier liegt der Mittelpunkt unter dem Flugzeug) oder (c) einen parabelförmigen Außenlooping. Welches Manöver erzeugt die gewünschte Schwerelosigkeit wirklich?

145. Eine Kerze bei Schwerelosigkeit

Wird eine Kerze bei Schwerelosigkeit brennen?

146. Kocht Wasser im Weltall?

In einem Raumschiff stellt ein Astronaut einen Kessel Wasser auf einen Elektroofen, um es bei Schwerelosigkeit zu kochen. Als er den Kessel eine Stunde später überprüft, ist das Wasser an der Oberfläche noch immer kalt. Warum?

147. Maximale Reichweite

Sie möchten ein Raumschiff starten, das im Sonnensystem so weit wie möglich gelangen soll. Wie erzielen Sie die maximale Reichweite mit einem Minimum an Treibstoff – indem Sie das Raumschiff in Richtung der Bahngeschwindigkeit der Erde starten, wenn die Erde der Sonne am nächsten ist oder wenn sie am weitesten von ihr entfernt ist?

148. Luftwiderstand bei Satelliten

Wie wirkt sich der Luftwiderstand auf einen Satelliten aus, der durch die oberen Atmosphäreschichten kreist – bremst oder beschleunigt er ihn?

149. Trennungsangst

Wenn ein Satellit von der Startrakete abgetrennt wird, die ihn auf seine Umlaufbahn um die Erde bringen soll, sieht man gewöhnlich, wie die Rakete den Satelliten allmählich überholt, obwohl ihr Motor abgeschaltet worden ist. Warum?

150. Die Umlaufbahn ändern – durch Radialschub

Die Motoren eines Raumschiffs, das sich auf einer kreisförmigen Umlaufbahn um die Erde befindet, werden für kurze Zeit gezündet, um dem Raumschiff einen nach außen gerichteten Radialschub zu geben, wie es die Zeichnung (a) zeigt. Führt dieser Schub zu Umlaufbahn (b) oder (c)?

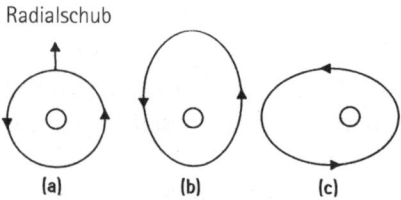

Radialschub

(a)   (b)   (c)

151. Die Umlaufbahn ändern – durch Tangentialschub

Ein Raumschiff auf einer kreisförmigen Umlaufbahn um die Erde wendet für kurze Zeit einen kleinen Tangentialschub an, wie es die Zeichnung (a) zeigt. Führt dieser Schub zu Umlaufbahn (b) oder (c)?

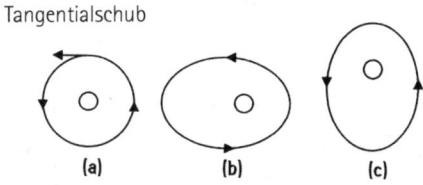

Tangentialschub

(a)   (b)   (c)

152. Abgasgeschwindigkeiten

Stellen Sie sich vor, eine Rakete bewegt sich hoch über der Erde parallel zum Boden. Ist es möglich, dass sich die Auspuffgase in die gleiche Richtung wie die Rakete in Bezug zum Boden bewegen und dennoch die Rakete vorwärts beschleunigen?

153. Starthaltung

Während des Starts befinden sich Astronauten im Spaceshuttle normalerweise in der Rückenlage (also parallel zum Boden). Warum ist diese Position einer aufrechten Sitzhaltung vorzuziehen?

154. Flucht von der Erde?

Wenn eine Rakete mit einer Geschwindigkeit von 11,2 km/s gestartet wird, kann sie die Erde verlassen. Nehmen wir nun an, die Rakete wird mit der gleichen Anfangsgeschwindigkeit fast horizontal gestartet. Wenn wir dabei einmal den Luftwiderstand vernachlässigen, wird die Rakete dennoch die Erde verlassen können?

155. Rendezvous im Orbit

Stellen Sie sich vor, Sie seien der Kommandant eines Spaceshuttle auf einer Rendezvousmission mit einer Raumstation. Die Raumstation befindet sich genau auf Ihrer Höhe, und zwar 50 Kilometer voraus in einer kreisförmigen Umlaufbahn. Um den Abstand zu verringern, zünden Sie Ihre Schubraketen, sodass die Geschwindigkeit des Shuttle in Richtung der Raumstation zunimmt. Wird dieses Manöver funktionieren?

156. Start zum Mond

Wegen seiner Nähe zum Äquator hat das Kennedy Space Center in Cape Canaveral als Startbasis einen sehr günstigen Standort. Noch interessanter ist seine geographische Breite von 28,5 Grad, die dem US-Apollo-Programm (1966–1972) einen Wettbewerbsvorteil verschaffte. Sie eignet sich nämlich perfekt zum Start von Mondmissionen. Warum?

157. Wie Raketen Treibstoff sparen

Nach welcher Methode kann eine zweistufige Rakete mehr Treibstoff sparen – das heißt, welche Abfolge von Operationen befördert eine Nutzlast in die größte Höhe? (a) Indem die obere Stufe gezündet wird, nachdem die Startstufe sie auf ihre maximale Höhe gebracht hat, oder (b) indem die obere Stufe in einer geringen Höhe gezündet wird, und zwar unmittelbar nach dem Brennschluss des Treibstoffs der Startstufe? Dabei gehen wir davon aus, dass jede Stufe die gleiche Brennschlussgeschwindigkeit hat und dass die Schwerebeschleunigung in allen Höhen gleich ist.

158. Die Geschwindigkeit der Erde

Wann bewegt sich die Erde am schnellsten um die Sonne?
Wann am langsamsten?

159. Ist die Erde in Gefahr?

Droht die Erde irgendwann in die Sonne zu stürzen?

160. Das Ende des Planeten Erde

Wenn die Erde in ihrer Umlaufbewegung plötzlich gestoppt würde, wie lange würde es dann dauern, bis sie in
die Sonne stürzt?

161. Die Helligkeit der Erde

Venus und Erde sind etwa gleich groß. Doch von der Venus
aus betrachtet, erschiene die Erde bis maximal sechs Mal
heller, als die Venus von der Erde aus erscheint. Und das,
obwohl die Erde weiter von der Sonne entfernt ist und das
Reflexionsvermögen der Venus für sichtbares Licht größer
ist als das der Erde. Wie können Sie sich dieses scheinbare
Paradox erklären?

162. Sternschnuppenhäufigkeit

In jeder klaren Nacht kann man durchschnittlich etwa alle
zehn Minuten eine Sternschnuppe am Himmel sehen.
Doch gegen Morgen hin nimmt ihre Zahl zu. Warum?

163. Die langsam sich drehende Erde

Die Planeten unseres Sonnensystems weisen eine sehr interessante Beziehung zwischen Masse und Umdrehungszeit auf. Allgemein gilt: Je größer die Masse, desto schneller die Umdrehungsgeschwindigkeit. Somit hat Jupiter nicht nur die größte Masse aller Planeten, sondern auch die schnellste Umdrehungsgeschwindigkeit bzw. die kürzeste Umdrehungszeit, nämlich 9 Stunden und 50 Minuten. Der Saturn mit seiner kleineren Masse dreht sich in 10 Stunden und 14 Minuten um sich selbst. Uranus und Neptun haben noch kleinere Massen und damit eine Umdrehungszeit von 16 bzw. 17 Stunden. Der Mars schließlich, der viel kleiner als die Riesenplaneten ist, dreht sich in 24 Stunden und 37 Minuten um die eigene Achse. Die Erde hat zwar eine zehn Mal größere Masse als der Mars, dreht sich jedoch etwa genauso lange um sich selbst. Warum dreht sich die Erde so langsam?

164. Kann die Sonne den Mond stehlen?

Wenn ein Körper über 259 000 Kilometer von der Erde entfernt ist, wird er stärker von der Sonne als von der Erde angezogen, was man anhand des quadratischen Entfernungsgesetzes der Gravitation im Universum nachprüfen kann. Die durchschnittliche Entfernung des Mondes von der Erde beträgt 384 400 Kilometer, also viel mehr als 259 000 Kilometer. Daher wird der Mond stärker von der Sonne als von der Erde angezogen – tatsächlich mehr als doppelt so stark. Warum stiehlt die Sonne dennoch nicht der Erde den Mond?

165. Die Bahn des Mondes um die Sonne

Die Zeichnung zeigt einen Ausschnitt aus der Umlaufbahn der Erde um die Sonne einschließlich der Bahn des Mondes um die Erde. Abgesehen davon, dass die Zeichnung nicht maßstabsgerecht ist – gibt es noch etwas, was grundsätzlich falsch an ihr ist?

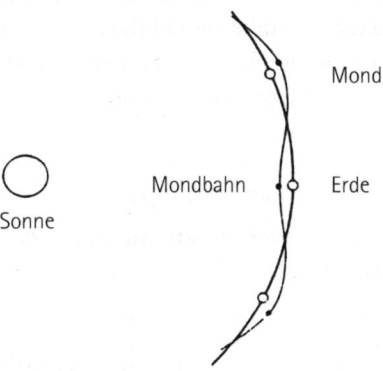

166. Der Vollmond

Die beleuchtete Fläche des Vollmonds ist zwar nur doppelt so groß wie die des Mondes im ersten oder letzten Viertel, doch der Vollmond ist etwa neun Mal heller. Warum?

167. Untergehende Sternbilder

Mond und Sonne wirken größer, wenn sie nahe am Horizont stehen. Tritt der gleiche Effekt bei Sternen auf? Anders gefragt: »Dehnen« sich Sternbilder aus, wenn sie sich dem Horizont nähern?

168. Steht der Mond auf dem Kopf?

Sehen die Menschen auf der Südhalbkugel den Mond verkehrt herum?

169. Wie hoch steht der Mond?

Im Winter steht die Sonne tief am Himmel. Wenn sich der Mond und die Planeten nahe der Ekliptik, dem scheinbaren Weg der Sonne am Himmel, bewegen, warum erscheint dann nicht auch der Mond tief am Himmel?

170. »Erdaufgang« auf dem Mond?

Kann man auf dem Mond den »Erdaufgang« oder »Erduntergang« sehen?

171. Die Sichtbarkeit von Merkur und Venus

Warum sind Merkur und Venus nachts generell unsichtbar?

172. Die Dichte der Erde

Die mittlere Dichte der Erde beträgt 5,52 g/cm^3 – das entspricht dem 5,52fachen der Dichte von Wasser. Die vier Riesenplaneten des Sonnensystems hingegen haben eine viel geringere Dichte: Neptun 1,64 g/cm^3, Jupiter 1,33 g/cm^3, Uranus 1,29 g/cm^3, Saturn 0,69 g/cm^3. Saturn könnte somit auf Wasser schwimmen! Was ist der Grund für deren geringere Dichte?

173. Im Westen aufgehen?

Gibt es irgendwelche natürlichen Objekte im Sonnensystem, die aus der Sicht von Beobachtern auf verschiedenen Planeten im Westen aufgehen und im Osten untergehen?

174. Warum sind die Berge auf dem Mars höher?

Der höchste Berg auf der Erde ist nicht der Mount Everest, sondern der hawaiische Vulkan Mauna Kea, der sich 10 180 m über dem Meeresboden erhebt und damit um über 1000 m höher als der Mount Everest ist. Aber nur die obersten 4208 m des Mauna Kea sind über der Meeresoberfläche sichtbar. Überraschenderweise allerdings ist der höchste Berg auf dem Mars, der Vulkankegel des Olympus Mons, mindestens 24 000 m hoch, und seine Basis hat einen Durchmesser von 560 km. Der Mars ist nur etwa halb so groß wie die Erde, und doch sind einige seiner Berge viel höher als unsere. Fällt Ihnen dazu eine Erklärung ein?

*175. Zum Mars via Venus fliegen

Die zum Mars fliegenden US-Raumsonden *Mariner* und *Viking* nutzten den so genannten Hohmann-Transfer, der die Treibstoffkosten minimiert und einem elliptischen Kotangens zu den Umlaufbahnen von Erde und Mars folgt. Der Flug dauert 7 1/2 Monate. Doch um zur Erde zurückkehren zu können, muss die Expedition 1 Jahr und 4 Monate abwarten, bis Erde und Mond wieder so zueinander stehen, dass der Rückflug auf die gleiche Art möglich ist. Hin- und Rückflug dauern also über 2 1/2 Jahre! Überraschenderweise kann man schneller zum Mars gelangen, nämlich via Venus. Wie schafft man das?

*176. Wo sind Sie?

Nehmen wir an, Sie befinden sich in einem fensterlosen Raum an Bord einer radförmigen Raumstation. Die Station dreht sich um ihre Nabe, um eine normale simulierte Schwerkraft aufrechtzuerhalten. Mit welchem einfachen Test können Sie sich davon überzeugen, dass Sie an Bord einer Raumstation und nicht auf der Erde sind?

*177. Hatte Galilei Recht?

Einen der fundamentalen Durchbrüche in der Physik, heißt es, verdanken wir Galilei, der Folgendes herausfand: Wenn man den Luftwiderstand vernachlässigt, fallen alle Körper mit der gleichen Beschleunigung. Aber ist dieses Ergebnis wirklich unabhängig von der Masse des fallenden Objekts? Was ist, wenn das Objekt zum Beispiel so groß wie ein riesiger Asteroid ist?

Antworten

Bewegte Körper

1. Die Superfrau

Der Zeichnung zufolge müssen die Frau (die Mg wiegt) und der Stuhl (der mg wiegt) angehoben werden, wenn die Frau nach unten am Seil zieht. Betrachten wir die ideale Situation: ein nicht dehnbares, masseloses Seil, eine masselose Rolle, die sich ungehindert frei drehen kann, und eine starre Halterung. Stellen wir nun eine imaginäre Kiste um die Frau und den Stuhl, sodass sich nur das Seil außerhalb dieser Kiste erstreckt. (Die imaginäre Kiste isoliert die nur in dieser Kiste wirkenden Kräfte von den äußeren Kräften.) Das Seil geht um die Rolle darüber und hält die Kiste doppelt. Nach dem zweiten Newton'schen Axiom muss in vertikaler Richtung die abwärts gerichtete Erdanziehung (gleich dem Gesamtgewicht, $Mg + mg$) vom gesamten aufwärts gerichteten Zug der beiden Seilabschnitte übertroffen werden, damit wir eine nach oben gerichtete Nettokraft und eine nach oben gerichtete Beschleunigung erhalten. Der nach oben gerichtete Zug T in jedem tragenden Seilabschnitt ergibt eine nach oben gerichtete Gesamtkraft $2T$ – sie muss also größer als $Mg + mg$ sein, damit sich das System nach oben beschleunigt. Somit muss eine 55 Kilo schwere Frau auf einem 5 Kilo schweren Stuhl mindestens eine Kraft von 30 Kilo auf das Seil ausüben, und das schafft sie ohne weiteres.

2. Wie man sich selbst nach oben zieht

In der Zeichnung zieht der Mann (der Mg wiegt) aufwärts am Seil mit einer Kraft T, die im Seil einen Zug T erzeugt. Betrachten wir die ideale Situation: ein nicht dehnbares, masseloses Seil, eine masselose Rolle, die sich unbehindert frei drehen kann, und eine starre Halterung darüber. Stellen wir nun eine imaginäre Kiste um den Mann und den Block, sodass sich nur das Seil außerhalb davon erstreckt und an der starren Halterung befestigt ist. (Die imaginäre Kiste isoliert die nur in dieser Kiste wirkenden Kräfte von den äußeren Kräften.) Nach dem zweiten Newton'schen Axiom beginnt eine Aufwärtsbeschleunigung, wenn der aufwärts gerichtete Zug T im einzelnen Tragseilabschnitt die abwärts gerichtete und auf alles im Kisteninneren wirkende Erdanziehung übertrifft – also $Mg + mg$, das Gewicht des Mannes und der Kiste. Wenn der Mann daher mit einer Kraft $T > Mg + mg$ zieht, wird er sich zusammen mit der Kiste vom Boden abheben.

In einem konkreten Test vom 20. Oktober 1917 hat ein 95 Kilo schwerer Mann auf diese Weise sich selbst samt einem 55 Kilo schweren Block hochgehoben.

3. Die Federwaage

Die Waage zeigt 50 Kilo an! Als das 30 Kilo schwere Objekt an den Haken der Federwaage gehängt wurde, nahm die Zugspannung im unteren Seil sofort ab und betrug nur noch 50 Kilo minus 30 Kilo, also 20 Kilo. Doch die abwärts gerichteten Kräfte, die von dem 30 Kilo schweren Objekt und der 20 Kilo betragenden Zugspannung im Seil ausgeübt werden, addieren sich noch immer zu 50 Kilo. Das 30 Kilo schwere Objekt verringert zwar die vom Seil getragene Last, aber die Gesamtlast bleibt gleich. Wenn somit irgendein Objekt mit einem Gewicht bis zu 50 Kilo an den Haken gehängt wird, wird die Waage weiterhin 50 Kilo anzeigen. Wird ein 50 Kilo schweres Objekt an den Haken gehängt, wird die Zugspannung im Seil gleich null, sodass das Objekt die Rolle des Seils übernimmt. Werden mehr als 50 Kilo an den Haken gehängt, wird das Seil völlig schlaff, und die Waage zeigt das Gewicht des Objekts an, das am Haken hängt.

4. Der Affe und die Bananen

Die einander entgegengesetzten äußeren Drehmomente, die vom Affen und den Bananen um die Achse der Rolle erzeugt werden, heben einander auf. Das Impulsmoment L um die Rollenachse wird somit erhalten, wie es der Impulserhaltungssatz verlangt. Hier ist L anfangs gleich null – und es bleibt null, egal, was der Affe tut. Insbesondere müssen alle Aufwärtsbewegungen des Affen und der Bananen stets gleich sein. Und wenn der Affe unter den Bananen zu ziehen beginnt, wird die vertikale Entfernung zwischen ihm und den Bananen natürlich gleich bleiben, sodass der Affe schließlich frustriert aufgeben wird. (Wobei wir annehmen, dass die Bananen nie hoch genug gelangen, um sich an der Rolle zu verkeilen!)
Wenn Sie sich die Kräfte im Detail ansehen, müssen Sie die Zugspannung im Seil beachten, die das Gewicht des Affen tragen und die Kraft für seine Beschleunigung am Seil aufwärts auf seiner Seite liefern muss, während sie die Bananen auf der anderen Seite trägt. Streng genommen kann ein nicht dehnbares Seil seine Zugspannung nicht erhöhen; Sie sollten jedoch davon ausgehen, dass das nicht

dehnbare Seil an allen Punkten eine identische Zugspannung hat.

Am Seilende des Affen zieht der letzte Seilabschnitt am Affen aufwärts mit der Zugspannung $T = (mg + ma)$ – das heißt, mit einer Kraft (mg), die sein Gewicht trägt, plus der angewandten Kraft, die gleich ma ist (dem Zug, den der Affe auf das Seil ausübt), um eine Beschleunigung aufwärts zu erreichen. Die gleiche Zugspannung wirkt auf die Bananen am anderen Ende des Seils, um sie gleich schnell aufwärts zu beschleunigen. Der Affe und die Bananen werden also zusammen nach oben steigen.

5. Die Sanduhr auf der Waage

Von dem Augenblick an, da das erste fallende Sandkorn auf dem Boden der Sanduhr auftrifft, bis zu dem Augenblick, da das letzte Sandkorn die obere Kammer verlässt, bleibt die Kraft, die aus dem Auftreffen des rieselnden Sandes resultiert, konstant und trägt dazu bei, dass das Gesamtgewicht gleich dem Gewicht der Sanduhr vor dem Umdrehen ist. Wenn der erste Sand rieselt, trägt der frei fallende Sand nicht zum Gewicht bei, sodass in den ersten Hundertstelsekunden etwas weniger Gewicht angezeigt wird. Wenn die letzten rieselnden Sandkörner auftreffen, überschreitet das Gewicht für kurze Zeit das Ausgangsgewicht. Jedem Sandkorn, das nun auf dem Boden auftrifft, steht kein Sandkorn mehr gegenüber, das die obere Kammer verlässt.

6. Wie viel wiege ich denn nun eigentlich?

Die Schwankungen resultieren aus der Auf-und-ab-Bewegung des Blutschwerpunkts, wenn das Herz seinen Schlagzyklus durchläuft. Bei jemandem, der 80 Kilogramm wiegt, beträgt die Amplitude der Schwankung etwa 30 Gramm. Diesen Effekt können Sie simulieren (wobei das Ergebnis viel deutlicher ausfällt), indem Sie auf der Badezimmerwaage stehend Ihre Arme auf und ab bewegen.

Wenn Sie von der Waage zu steigen beginnen, müssen Sie Ihr Knie leicht beugen, um diesen ersten Schritt zu tun. Ihr Körper beschleunigt sich vorübergehend größtenteils abwärts, sodass die Waage nicht mehr sein ganzes Gewicht trägt. Daher zeigt die Waage etwas *weniger* an!

7. Wie man sich selbst anschieben kann

Das System hat den gleichen horizontalen Impuls kurz vor und kurz nach der Kollision von Hammer und Brett. Kurz bevor der sich bewegende Hammer mit dem stationären Brett kollidiert, geht sein Impuls in Richtung des Brettes. Kurz nach der Kollision bewegt sich das Brett (mit der Frau darauf) in der ursprünglichen Richtung der Hammerbewegung, und der Hammer bewegt sich nun (idealerweise) mit dem Brett. Bei dieser Aktion wird, gemäß dem Impulserhaltungssatz, der Impuls des Hammers auf das System Brett + Frau + Hammer übertragen.

Die Reibung mit dem Fußboden spielt eine zweifache Rolle. Erstens verhindert die Haftreibung, dass sich das Brett bewegt, bevor der Hammer zuschlägt. Zweitens bringt die Gleitreibung, die nach dem Schlag zwischen dem Fußboden und dem sich bewegenden Brett auftritt, das sich bewegende System wieder zur Ruhe, während sie den Impuls auf die Erde überträgt.

8. Das Hoppelpferdchen

Das Pferdchen setzt sich in Bewegung und erreicht rasch eine konstante Geschwindigkeit, bis es sich der Tischkante nähert. Dort wird das kluge Tier langsamer und bleibt kurz vor der Kante stehen. Die Anfangsbeschleunigung kommt von der horizontalen Kraft, die das Gewicht über den Faden auf das Pferdchen ausübt. Dieser Kraft wirkt die Kraft der Haftreibung entgegen. Wenn sich beide Kräfte gerade aufheben, stellt sich eine konstante Geschwindigkeit ein. Je näher das Pferdchen zur Kante kommt, um so steiler nach unten verläuft der Faden, der die Kraft des Gewichts auf das Tier überträgt. Damit wird die horizontale Kraft, die für die Vorwärtsbewegung sorgt, kleiner und die nach unten gerichtete Komponente, die die Haftreibung vergrößert, nimmt zu. Das Pferdchen bleibt stehen.

Häufig wird nur die horizontale Kraftkomponente und deren Abnahme bei der Annäherung an die Kante berücksichtigt. Gäbe es keine bremsende Kraft, würde das Pferdchen aber, nach dem ersten Newton'schen Axiom, seine erreichte Geschwindigkeit beibehalten und über die Kante stürzen. Die bremsende Kraft, die das Pferdchen zum Stillstand bringt, ist hier die Haftreibung. (Sie würde beim Wegfallen der Vortriebskraft die Bewegung auch stoppen, selbst wenn sie bei der Annäherung an die Kante nicht zunehmen würde.)

9. Zwei Kanonen

Die überraschende Antwort: Ganz gleich, wie groß die Entfernung zwischen den Kanonen ist und in welchem Winkel sie aufeinander zielen – die Granaten werden immer im Flug miteinander kollidieren (wobei wir den Luftwiderstand vernachlässigen).

Um zu verstehen, warum dies so ist, schalten wir vorübergehend die Schwerkraft aus. Dann legen die Granaten den geradlinigen Weg zwischen den Kanonen zurück und kollidieren in der Mitte. Schalten wir nun die Schwerkraft wieder ein, fallen die Granaten über gleich große Strecken, um erneut in der Mitte zu kollidieren.

10. Das Gravitationsgesetz

Die angegebene Formel ist unvollständig. Newton hat eindeutig erklärt, das quadratische Entfernungsgesetz gelte nur für Massenpunkte und nicht für ausgedehnte Körper, sodass die Entfernung d die Entfernung zwischen zwei Massenpunkten ist. Nur im Fall von radial symmetrischen Kugeln bezieht sich d tatsächlich auf die Entfernung zwischen ihren Massenmittelpunkten – das heißt, ihren geometrischen Mittelpunkten. In allen anderen Fällen muss man die Kraft auf die Bestandteile der ausgedehnten Körper einbeziehen.

11. Einen Besen balancieren

Nein. Der kürzere Teil des Besens, nämlich der Teil, der die Borsten enthält, ist schwerer. Der kurze Teil und der lange Stiel sind im Gleichgewicht, weil sie gleich große und entgegengesetzte Drehmomente um den Stützpunkt ausüben und nicht weil sie gleich schwer sind. Der Schwerpunkt des kurzen Teils ist dem Stützpunkt näher, sodass sein Gewicht (das man sich als hier konzentriert vorstellen kann) größer sein muss, um das für das Gleichgewicht erforderliche Drehmoment zu ergeben. Sie können sich das an zwei Kindern auf einer Wippe veranschaulichen: Um des Gleichgewichts willen muss das schwerere Kind näher am Drehpunkt sitzen.

12. Es lebe der Unterschied!

Bei einem Mann liegt der Massenmittelpunkt normalerweise näher am Kopf als bei einer Frau. Daher kann ein typischer Mann die Streichholzschachtel nicht umstoßen, ohne seinen Massenmittelpunkt vor die Knie zu verlagern, und damit kippt er um. Mit anderen Worten: Die Knie bilden die horizontale Achse, um die der Massenmittelpunkt ein Drehmoment bewirkt. Solange das Drehmoment die betreffende Person zurück zu den Füßen dreht, kippt das System nicht um. Man kann diese Bedingung auch auf eine andere Weise formulieren: Der Massenmittelpunkt muss über der Stützfläche sein, die von den Zehen und Knien begrenzt wird.

Frauen haben den Männern darüber hinaus noch etwas voraus, wenn sie nämlich auf dem Rücken im Wasser schwimmen, weil sie im Allgemeinen eine erheblich andere Gewichtsverteilung aufweisen. Bei Männern ist der Verdrängungsschwerpunkt weit vom Schwerpunkt getrennt – Ersterer befindet sich im Brustbereich, Letzterer in der Nähe der Pobacken. Bei Frauen befinden sich beide Schwerpunkte im Bereich ihres Unterleibs. Folglich schwimmt ein Mann in einem leichten Winkel, wobei der obere Teil des Oberkörpers weiter aus dem Wasser ragt als der untere Teil. Eine Frau schwimmt im Allgemeinen gestreckt.

13. Das Waage-Paradox

In beiden Zeichnungen sind die Verbindungsteile AC und BD stets vertikal und die Stäbe EF und GH, die starr an die Verbindungsteile montiert sind, stets horizontal. Da sich F und G in der gleichen Entfernung von der Mittelachse befinden, bewegen sich die Objekte an EF und GH um die gleiche Strecke auf und ab, egal wo sie sich an den Stäben befinden.

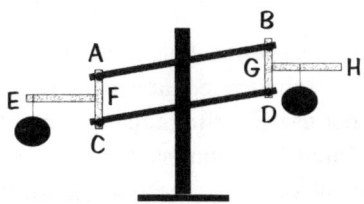

Wenn die Objekte das gleiche Gewicht haben, muss die Arbeit, die die Schwerkraft beim Senken des Objekts an EF leisten muss, gleich der Arbeit sein, die vom Objekt an GH gewonnen werden könnte, nachdem es angehoben wurde. Aber die Menge der Arbeit für die Drehbewegung ist gleich dem Drehmoment mal der zurückgelegten Winkelstrecke. Da sich beide Seiten der längeren Stäbe des Pantographen durch die gleiche Winkelverschiebung bewegen, müssen auch die entgegengesetzten Drehmomente um die Drehbolzen gleich groß sein. Daher bleibt das System im Gleichgewicht, ganz egal, wo die beiden Objekte an den horizontalen Stäben auf beiden Seiten hängen.

Wenn wir die Stäbe EF und GH entfernen und an A und B Waagschalen befestigen, erhalten wir eine Waage mit einer sehr nützlichen Eigenschaft: Wir müssen das zu wiegende Objekt oder die Gewichte nicht sorgfältig in die Mitte der Schalen legen.

Tatsächlich ist die Parallelogrammanordnung das wesentliche Element bei allen Waagen, deren Schalen von unten gestützt werden und nicht von einem Balken herabhängen. Die so konstruierte Waage wird auch Roberval-Waage genannt, nach dem französischen Physiker und Mathematiker, der sie 1669 erfand.

14. Der Seiltänzer

Das zusätzliche Gewicht macht dem Seiltänzer kaum etwas aus. Die schwere Stange vergrößert sein Drehmoment um die parallel zum Seil verlaufende Kippachse, sodass ein Kippen viel langsamer erfolgt als ohne die Stange. Somit bleibt ihm eine längere Rückholungszeit, um das Gleichgewicht wiederherzustellen.

Ein Physiker würde die Masse der Stange größtenteils an deren Enden platzieren, weil das Trägheitsmoment $I = mr^2$, wobei r die Entfernung von der Drehachse ist. Eine kleine Masse weiter draußen ist genauso effektiv wie eine viel größere Masse in der Nähe des Seiltänzers.

15. Einen senkrechten Stock balancieren

Die Aussage, Körper mit einem niedrigen Schwerpunkt seien stabiler in ihrer Lage als Körper mit einem hohen Schwerpunkt, gilt nur für Situationen, in denen ein statisches Gleichgewicht herrscht. Ein Drehmoment entsteht immer dann, wenn das Lot durch den Schwerpunkt einen Winkel mit der Symmetrieachse des Körpers bildet. Solange dieses Drehmoment von der Unterstützungsfläche aufgenommen wird, bleibt der Körper stehen, sonst kippt er. Der Kippwinkel ist, bei gleicher Auflagefläche, um so größer, je niedriger der Schwerpunkt liegt. Somit fällt der längere Stock leichter um als der kürzere Bleistiftstummel, der eine größere Neigung benötigt.

Balanciert man den Stock auf einer Fingerspitze, kann der Finger so bewegt werden, dass er unter dem Schwerpunkt des Stocks bleibt. Der längere Stock hat ein größeres Trägheitsmoment, sodass seine Winkeldrehgeschwindigkeit geringer als beim kürzeren Stock ist. Daher haben Sie genügend Zeit, Ihren Finger wieder unter den Schwerpunkt zu bewegen, bevor der Stock umfällt.

16. Magische Finger

Wahrscheinlich erwarten Sie, dass der obere Zeigefinger sich zuerst bewegt, weil er weniger Gewicht zu stützen scheint. Der maximale Wert seiner Haftreibungskraft wäre geringer und daher leichter zu überschreiten. Doch wenn Sie den Stock im gleichen Winkel halten und die Finger auf beiden Seiten gleich stark nach innen schieben, wird die Stützkraft (und damit auch die Haftreibung) vorübergehend am oberen Kontakt erhöht und ermöglicht es, dass sich der tiefere Stützfinger zuerst bewegt.

17. Das Suppendosenrennen

Die Kugel gewinnt, weil bei ihr der geringste Anteil der potentiellen Energie in Rotationsenergie umgewandelt wird. Wenn die Reibung keine Rolle spielt, dann hängt die Beschleunigung auf der schiefen Ebene nur von der Neigung α der Ebene zur Horizontalen und von der Erdbeschleunigung g ab. Die Masse spielt (wie beim freien Fall ohne Luftwiderstand) keine Rolle. Der Anteil der Energie, die in Rotationsenergie umgewandelt wird, hängt vom Trägheitsmoment des rotierenden Körpers um die jeweilige Rotationsachse ab. Für einen reibungsfrei gleitenden Körper auf der schiefen Ebene ist die Beschleunigung

parallel zur Ebene $\qquad b||_{gleit} = g \sin \alpha$,

für eine rollende Kugel $\qquad b||_{Kugel} = \frac{5}{7} \times g \sin \alpha$,

für einen rollenden Zylinder $\qquad b||_{Zylinder} = \frac{2}{3} \times g \sin \alpha$,

für einen Hohlzylinder $\qquad b||_{Hohlzyl} = \frac{1}{2} \times g \sin \alpha$.

In der Praxis ist die Bewegung natürlich nicht reibungsfrei. Durch die Reibung wird die Bewegung der Körper gebremst. Normalerweise ist die Gleitreibung viel größer als die Rollreibung, sodass, besonders bei kleinem α, die rollenden Objekte meist früher unten ankommen.

Eine dünnflüssige Suppe wie Nudelsuppe mit Huhn koppelt nicht so gut mit der inneren Dosenwand (das heißt, sie gleitet), wenn sie die schiefe Ebene hinabrollt. Daher wird ihre gesamte kinetische Bewegungsenergie in jeder tieferen Position auf der schiefen Ebene größtenteils translationskinetische Energie und nur ganz wenig rotationskinetische Energie beinhalten. Andererseits wird eine festere Suppe wie Brokkolicremesuppe zusammen mit der Dose rotieren, sodass sie eine beträchtliche rotationskinetische Energie und nur eine geringe translationskinetische Energie aufweisen wird. Daher wird die flüssigere Suppe auf der schiefen Ebene stets die größere Vorwärtsgeschwindigkeit haben und das Rennen gewinnen.

Die Masse und der Radius der Dose spielen zwar beim Rollverhalten von Dosen mit großem Radius keine primäre Rolle, aber wegen der Viskositätskopplung muss man die Nähe der Dosenwand zur Flüssigkeit im Innern berücksichtigen. Wird der Dosenradius kleiner, dann wird immer mehr flüssige Suppe versuchen, mit der gleichen Rotationsbewegung wie die Dose zu rollen.

18. Der Stehaufkreisel

In Bezug auf die Person, die von oben auf den Kreisel schaut, drehen sich der umgedrehte Stehaufkreisel und der aufgerichtete Kreisel in der gleichen Richtung. Doch da sich der Kreisel ja umgedreht hat, muss seine Körperdrehung sich umgekehrt haben! Wenn man nur die Umdrehungen um die vertikale Achse betrachtet, bewirkt die Reibung mit der Oberfläche das nötige Drehmoment, um dieses Kunststück zu bewerkstelligen, während sich der Kreisel umdreht.

19. Der mysteriöse Keltische Wackelstein

Zum Verhalten des Steins trägt bei, dass die lange Achse des Ellipsoids an der Unterseite nicht mit der langen Achse der flachen Oberseite – das heißt, der Körperachse – fluchtet. Wird der Stein in der »falschen« Richtung gedreht, bringt die Gleitreibungskraft den Stein schließlich so zur Ruhe, dass er sich zwar nicht mehr dreht, aber weiterhin wackelt. Der Stein berührt bei seiner Schaukelbewegung die Tischfläche richtig, sodass ein kleines Drehmoment auf den Stein ausgeübt wird. Solange die Wackelbewegung weitergeht, können zusätzliche kleine Drehmomente dafür sorgen, dass sich der Stein auch weiter in der »richtigen« Richtung gegen die entgegengesetzte Reibungskraft dreht.

20. Die geheimnisvolle Pistolenkugel

Die Kugeln sind identisch – bis auf das Material, aus dem sie bestehen. Kugel A muss eine elastische Kollision mit der Zielscheibe erfahren haben und abgeprallt sein, während Kugel B sich in die Zielscheibe bohrte. Im einfachsten Fall war die Impulsveränderung von Kugel A doppelt so groß wie die Impulsveränderung von Kugel B, wenn die Impulsveränderung von beiden Kugeln während des gleichen Zeitintervalls stattfand. Dann wäre die Aufprallkraft von A doppelt so groß wie die von B gewesen.

21. Der Massenmittelpunkt eines Dreiecks und eines Kegels

Der Massenmittelpunkt eines geraden Kreiskegels befindet sich bei einem *Viertel* der Höhe des Kegels über der Basis. Warum der Massenmittelpunkt sinkt, können wir besser verstehen, wenn wir uns vorstellen, dass sich der Kegel aus dünnen dreieckigen Scheiben zusammensetzt, die parallel zur größten dreieckigen Scheibe stehen, welche durch die Kegelspitze verläuft. Der Massenmittelpunkt von jeder dreieckigen Scheibe befindet sich bei einem Drittel der Höhe der Scheibe über der Basis. Doch da die Scheiben zur Außenseite des Kegels hin kleiner werden, nähern sich auch deren Höhen und Massenmittelpunkte immer mehr der Basis des Kegels an. Folglich wandert der Massenmittelpunkt des ganzen Kegels abwärts zu einem Punkt bei einem Viertel der Achse über der Basis. Der Wert ein Viertel lässt sich mit Hilfe der Infinitesimalrechnung ermitteln.

22. Oben liegen bleiben

Mehrere Faktoren haben Einfluss darauf, wohin sich die Äpfel während des Schüttelns bewegen. Kein Apfel, der größer als der verfügbare Raum zwischen tiefer liegenden Äpfeln ist, kann durch diesen Raum nach unten schlüpfen – wenn sich also die tiefer liegenden Äpfel nicht beiseite bewegen, werden die größeren Äpfel über ihnen liegen bleiben. Ein Apfel jedoch, der kleiner als dieser verfügbare Zwischenraum ist, kann leicht nach unten fallen.

Allgemein gilt: Ein System nimmt seine stabilste Position ein, wenn seine potentielle Energie ein Minimum erreicht. Der Schwerpunkt der Äpfel wird in seiner tiefsten Position sein, wenn die Äpfel im unteren Abschnitt des Eimers so dicht wie möglich beieinander liegen. Der Schwerpunkt wird am tiefsten sein, wenn alle Ecken und Winkel im unteren Abschnitt mit den kleineren Äpfeln gefüllt sind. Folglich werden im Allgemeinen die größeren Äpfel ganz oben liegen bleiben.

Noch überraschender ist es, dass auf diese Weise sogar dichtere Objekte nach oben gebracht werden können! Das Aufsteigen von Felsbrocken aus dem Boden im Frühjahr wird zwar üblicherweise auf den Frost zurückgeführt, doch letztlich wird es durch Störungen verursacht, die vorübergehend kleine Sandkörner unter den Brocken schlüpfen lassen, welche wiederum verhindern, dass er seine ursprüngliche Position wieder einnimmt. Hier nehmen diese Störungen die Form von Schmelzen und Gefrieren an, aber das gleiche Ergebnis könnte auch von Schock und Schwingungen erzielt werden. Ein weiteres Beispiel für die Trennung nach der Größe bietet das Popcorn. Wo finden wir die nicht oder nur teilweise aufgeplatzten Maiskörner? Am Boden. Hier trägt auch die höhere Dichte der nicht aufgeplatzten Körner zur Verteilung bei.

23. Antigravitation

Beobachten Sie die Murmel genau von der Seite – nun sehen Sie, was wirklich passiert. Während die Murmel zum oberen Ende hin rollt, sinkt sie tatsächlich ein wenig zwischen den gespreizten Halmen nach unten. Der gleiche Effekt lässt sich beobachten, wenn man einen Doppelkegel (also einen Kegel mit zwei Mänteln) aus zwei Plastiktrichtern eine aus Pappe ausgeschnittene Schiene »hinauf« rollen lässt.

24. Welche Kugel ist zuerst da?

Die Kugel, die über die Ebenen ADC rollt, wird zuerst bei C ankommen. Die Kugeln legen zwar identische Strecken zurück, und die auf den Strecken AB und DC auftretenden Beschleunigungen sind genauso groß wie die auf den Strecken AD und BC auftretenden Beschleunigungen, und zwar aufgrund der gleichen Neigungen der Ebenen. Allerdings hat die über DC rollende Kugel eine hohe Anfangsgeschwindigkeit, die sie während ihres raschen Hinabrollens über AD erhalten hat. Und die Kugel wiederum, die über die entsprechende Ebene AB rollt, hat eine geringere Durchschnittsgeschwindigkeit, da ihre Anfangsgeschwindigkeit gleich null ist.

Bemerkung: Die Endgeschwindigkeit der Kugeln bei C ist in beiden Fällen gleich. Das Ergebnis ist leicht ohne Rechnung einzusehen, wenn man den Grenzfall betrachtet, bei dem AB und DC waagerecht sind.

25. Ist der kürzeste Weg auch der schnellste?

Die Zeichnung zeigt drei Wege. Vergleicht man die drei, ist der kürzeste Zeitweg tatsächlich PB und nicht PA oder PC. Die meisten Menschen glauben aber, der kürzeste Zeitweg sei der mit der horizontalen Tangentiallinie am Boden der Kurve. Doch das ist er nicht. Wenn die Koordinaten des Endpunkts (p, q) sind, wird die Rollkurve (Zykloide) durch diesen Punkt mit einer Steigung verlaufen, wenn $p/q > p/2$ ist.

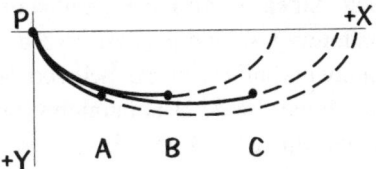

Dieser Weg PB ist die »Brachistochrone«, die in der kürzesten Zeit durchlaufene Kurve. Das Problem wurde erstmals von Johann Bernoulli (1667–1748) gelöst, aber die Kurve, die die Lösung ergab, die Zykloide, war bereits Galilei bekannt, nämlich als der bogenförmige Weg, den ein Punkt am Rand eines rollenden Rades zurücklegt. Die Zykloide ist so hübsch und führte zu so vielen Kontroversen, dass sie den Spitznamen »Helena der Geometrie« bekam. Die Zykloide hat auch eine erstaunliche »tautochrone« Eigenschaft: Eine reibungslose Perle erreicht den Boden stets in der gleichen Zeit, egal an welcher Stelle der Kurve sie aus dem Ruhezustand losgelassen wird!

26. Die unbeschränkte Brachistochrone (Fallkurve)

Kugel B gewinnt das Rennen, wenn sie die Täler hinab- und die Hügel hinaufrollt. Die horizontale Komponente der Geschwindigkeit von Kugel B ist in jedem Augenblick stets gleich der oder größer als die horizontale Geschwindigkeit von Kugel A. Beachten Sie, diese Antwort gilt nur unter der Bedingung, dass keine Kugel ihre Bahn verlassen kann und keine Kugel rutscht.

*27. Kippende Stangen

Die Stange ohne die schwere Zusatzmasse wird zuerst auf den Boden aufschlagen. Denn die Fallzeit hängt von der Winkelbeschleunigung ab, die proportional dem Verhältnis des Drehmoments aufgrund der Schwerkraft und des Trägheitsmoments ist. Beide Drehmomente beruhen auf der Verteilung der Masse.

Die Winkelbeschleunigung der unbelasteten Stange mit der Masse m beträgt $(3g/2L)$ sin α, wobei L die Länge der Stange und α der Winkel zwischen Stange und Wand ist. Daraus geht sofort hervor, dass kurz vor dem Aufschlagen der Stange auf dem Fußboden (α gleich 90 Grad) die vertikale Abwärtsbeschleunigung am Ende der Stange $3/2\,g$ beträgt – also größer als g ist!

Zum Vergleich: Die Winkelbeschleunigung einer Stange, an der die Masse M in einer Entfernung d vom Drehpunkt befestigt ist, beträgt $a(1 + 2kq)/(1 + 3kq^2)$, wobei $k = M/m$, $q = d/L$ und $a = (3g/2L)$, also gleich der Winkelbeschleunigung der unbelasteten Stange ist. Dieses Ergebnis hat mehrere überraschende Konsequenzen. Wenn $q = 2/3$, die Last also zwei Drittel der Stangenlänge vom Drehpunkt entfernt ist, ist die Winkelbeschleunigung genau so groß wie bei der unbelasteten Stange! Wenn $q > 2/3$, wird der Faktor kleiner als 1, wird die Fallzeit länger und das Beharrungsmoment größer als das Drehmoment – wir bekommen das gleiche Ergebnis wie zuvor.

*28. Welcher Zylinder ist hohl?

Lassen Sie die Zylinder eine schiefe Ebene hinabrollen. Am unteren Ende der schiefen Ebene müssen die gesamten kinetischen Energien der Zylinder gleich sein, da sie aus der gleichen Höhe hinabrollen – das heißt, die Veränderung in der potentiellen Schwerkraftenergie ist für beide gleich. Die gesamte kinetische Energie am unteren Ende (und während der gesamten Rollbewegung) besteht aus dem translationalen Teil $1/2 \, m \, v_{cm}^2$, die der Bewegung des Massenmittelpunkts entspricht, und dem rotationalen Teil $1/2 \, I\omega^2$, wobei I das Trägheitsmoment und $\omega = v_{cm}/R$ die Winkelgeschwindigkeit eines Zylinders mit dem Radius R ist. Setzt man die kinetischen Energien der beiden Zylinder gleich, so weist das größere Trägheitsmoment des hohlen Zylinders eine geringere v_{cm} auf und umgekehrt. Der hohle Zylinder wird den Weg langsamer hinabrollen.

*29. Wie die Reibung die Bewegung unterstützt

Nein, die Schlussfolgerung ist richtig. Beim Rollen ohne Gleiten befindet sich der Punkt des Kontakts mit dem Boden – sagen wir P – unmittelbar im Ruhezustand. Dann dreht sich der Zylinder in jedem Augenblick um eine horizontale Achse durch P. Wir ignorieren die Reibung, weil ihr Drehmoment um diese Achse durch P null ist – es gibt keinen Hebelarm. Wenn wir das zweite Newton'sche Axiom auf Drehmomente um P anwenden, stellen wir fest, dass $2RF = (MR^2/2 + MR^2)(a/R)$, wobei R der Radius und a die horizontale Beschleunigung des Zylindermittelpunkts ist. Nach dieser Gleichung ist $a = (4/3)F/M$. Die Haftreibungskraft in horizontaler Richtung muss $F/3$ betragen und in die gleiche Richtung wie die angewandte Kraft gehen! Man muss sich darüber im Klaren sein, dass der rollende Zylinder über die Haftreibung nach hinten schiebt, und darum reagiert der Boden entsprechend dem dritten Newton'schen Axiom.

*30. Die folgsame Spule

Bei allen Objekten, die rollen, ohne zu gleiten, befindet sich der Punkt des Kontakts mit dem Fußboden – sagen wir P – unmittelbar im Ruhezustand. Die horizontale Rotationsachse verläuft durch P. Um diese Achse tritt immer dann kein Drehmoment auf, wenn die Kraftwirkungslinie des Bandes durch die Achse geht, weil es dann keinen Hebelarm gibt. Wenn man bei diesem kritischen Winkel (gleich r/R) am Band zieht, rutscht die Spule einfach über den Boden. Übersteigt der Kraftlinienwinkel diesen kritischen Winkel, verläuft das Drehmoment um die Achse im Uhrzeigersinn, und die Spule rollt auf den Beobachter zu. Auf der entgegengesetzten Seite des kritischen Winkels rollt die Spule von ihm weg.

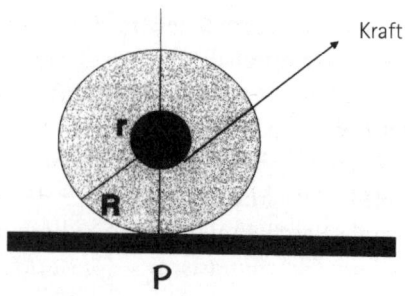

*31. »Und der Sieger ist ...«

Der massive Kegel schlägt die massive Kugel! Der entscheidende Faktor ist der numerische Koeffizient in der Trägheitsmomentformel. Je niedriger der Wert des Koeffizienten für die Achse parallel zur Rotationsachse ist, desto größer ist die Beschleunigung auf der schiefen Ebene. Die numerischen Koeffizienten für die Trägheitsmomente sind: (a) 1/2 für einen massiven Zylinder um die Zylinderachse, (b) 2/5 für eine massive Kugel mit einem beliebigen Durchmesser. Für einen geraden Kreiskegel lautet der entsprechende Wert 3/10, sodass der massive Kegel alle Rennen gewinnt. Damit der Kegel die schiefe Ebene gerade hinabrollt, befestigen Sie einen fast masselosen Drahtreifen mit dem Durchmesser der Basis in der Nähe der Kegelspitze.

Übrigens: Diese drei Figuren – Zylinder, Kugel und Kegel, wobei die beiden Letzteren genau in Ersteren passen – sind auf dem Grabstein von Archimedes zu sehen. Er hat als Erster ihre Volumenverhältnisse ermittelt: 3 : 2 : 1.

*32. Schwung holen

Der Mechanismus, mit dem sich eine Schaukel aus dem Ruhezustand in Bewegung versetzen lässt, ist ziemlich interessant. Das Kind beginnt aus einer Gleichgewichtsposition heraus zu schaukeln. Im Ruhezustand befindet sich der Aufhängepunkt direkt über der Stelle, wo das Kind das Seil ergreift, und seinem Schwerpunkt. Die Spannung im Seil T ist vertikal und wird vom Gewicht des Kindes W ausgeglichen. Das Gewicht des Sitzes und des Seils wird hier vernachlässigt.

Nun erkennen wir das Dilemma. Die einzigen äußeren Kräfte, die auf das Kind wirken, sind die Spannung im Seil und sein Gewicht – aber sie addieren sich zu null. Nach dem ersten Newton'schen Axiom gilt: Ganz gleich, was das Kind tut – solange die äußere Nettokraft null ist, wird sein Schwerpunkt im Ruhezustand bleiben. Wenn es sich zurücklehnt, werden seine Beine nach vorn und nach oben gehen; wenn es sich vorbeugt, werden seine Beine nach hinten gehen. Der Schwerpunkt passt seine Position ständig an, indem er auf alle Änderungen in der Konfiguration des Körpers relativ zum Körper reagiert.

Wir brauchen also eine Methode, um ein Nettodrehmoment um die horizontale Achse durch die Aufhängepunkte zu erzeugen. Die Spannung im Seil wird stets zu dieser Achse zeigen – sie kann also nie dieses Drehmoment erzeugen. Aber der vertikale Gewichtsvektor kann seine Wirkungslinie aus dieser Rotationsachse verlagern, sodass ein Hebelarm existiert. Das Kind zieht einfach plötzlich am Seil ruckartig nach hinten, und zwar bloß mit den Armen, während der übrige Körper starr bleibt. Nach dem dritten Newton'schen Axiom bewegt sich sein Körper ein wenig nach vorn, und nun beginnt das kleine, im Uhrzeigersinn gerichtete Drehmoment um die Aufhängeachse mit seiner Rückwärtsbewegung.

Um aus dem Ruhezustand im Sitzen mit dem Schaukeln zu beginnen, lehnt sich das Kind plötzlich nach hinten, um einen Drehimpuls um den Massenmittelpunkt, aber ohne äußere Drehmomente um die Drehachse der Schaukel, zu erhalten, der Massenmittelpunkt wird so aus seiner Anfangsposition verlagert, und die Schaukelbewegung beginnt.

*33. Auf einer Schaukel im Stehen Schwung holen

Ein Kind, das auf einer Schaukel steht, kann sie auf mehrere Arten in Schwung bringen. Bei all diesen Methoden beugt das Kind die Knie am Ende des Rückwärts- oder Vorwärtsschwungs (oder sogar am Ende von beiden) und drückt die Knie mitten im Rückwärts- oder Vorwärtsschwung (oder bei beiden) durch. Diese Bewegung des Knie-Durchdrückens und -Beugens bewirkt, dass sich der Schwerpunkt des Kindes (*SP*) in der Mitte des Schwungs hebt und am Ende des Schwungzyklus senkt.

Um seinen *SP* in der Mitte des Schwungs zu heben, verrichtet das Kind Arbeit, und zwar auf zweierlei Weise: 1. indem es seine potentielle Schwerkraftenergie erhöht und 2. seine kinetische Energie erhöht.

Die kinetische Energie wird erhöht, weil sich der Drehimpuls um die horizontale Aufhängeachse in dem Augenblick, da der *SP* angehoben wird, nicht verändert. Das Drehmoment aufgrund einer Kraft, deren Wirkungslinie durch die Aufhängeachse verläuft, ist null. Der Drehimpuls ist das Produkt aus *MVL*, wobei *M* die Masse des Kindes, *V* seine Geschwindigkeit und *L* die Entfernung des Schwerpunkts von der Achse ist. Wird *L* kürzer, muss die Geschwindigkeit *V* zunehmen, damit das Produkt *MVL* konstant bleibt.

Wenn die Geschwindigkeit *V* größer wird, dann wird auch die kinetische Energie des Kindes ($1/2\ MV^2$) größer. Die Situation ähnelt der Pirouette einer Eisläuferin, die ihre Arme anzieht, um ihre Rotationsgeschwindigkeit zu erhöhen.

Senkt das Kind seinen *SP* am Ende des Schwungs, nimmt seine potentielle Energie ab. Es gibt keine Veränderung der kinetischen Energie, weil das Kind unmittelbar im

Ruhezustand ist. Sein neuer *SP* befindet sich nun auf dem gleichen Bogen wie am Anfang, aber weiter draußen in einem größeren Winkel, und ist bereit, die Sequenz von vorn zu beginnen. Im gesamten Schwungzyklus hat es einen Nettogewinn an Energie gegeben, der die Amplitude des Schwungs erhöhte, und diese Energie ist vom Kind über seine Muskeln übertragen worden.

*34. Auf einer Schaukel im Sitzen Schwung holen

Ja. Im Stehen lässt sich die Schaukel durch das Beugen und Durchdrücken der Knie in den richtigen Augenblicken zu größeren Amplituden aufschaukeln. Im Sitzen würde die Bewegung des Schwerpunkts kaum beeinflusst werden. Sehr interessant ist, was das Kind in diesem Fall tut: Am Ende des Rückwärtsschwungs und zu Beginn des Vorwärtsschwungs schwenkt das Kind seine Beine nach vorn, sodass sich sein Körper gegen den Uhrzeigersinn dreht. Natürlich kann es diese Bewegung nicht fortsetzen, da es sonst vom Sitz fallen würde, also stoppt es sie, indem es am Seil nach hinten zieht.

*35. Das sich drehende Rad

Nein. Paradoxerweise muss die Versuchsperson mit der rechten Hand nach oben und mit der linken nach unten drücken!

Zuerst zeigen wir dies, ohne die Drehmomente heranzuziehen. Betrachten wir den Bewegungszustand von vier Massenelementen im Reifen. Beim ersten Element ganz oben ist der Geschwindigkeitsvektor horizontal und gerade von der Versuchsperson weg gerichtet, sodass für die vorgeschlagene Drehung der Radebene eine kleine Geschwindigkeitsveränderung nach links erforderlich ist. Beim Element ganz unten ist der Geschwindigkeitsvektor horizontal und gerade auf den Bauch der Versuchsperson gerichtet, sodass eine Veränderung nach rechts erforderlich ist. Die Massenelemente vorn und hinten haben vertikale Geschwindigkeitsvektoren, und zwar nach oben und nach unten, sodass für die gewünschte Verdrehung des Rads überhaupt keine Veränderung erforderlich ist.

Diese Darstellung lässt sich ohne weiteres erweitern, indem man anhand der horizontalen und vertikalen Geschwindigkeitskomponenten zeigt, dass alle Massenelemente in der oberen Hälfte des Rads eine Geschwindigkeitsveränderung nach links, die in der unteren Hälfte aber nach rechts erfordern.

Da die einzige Möglichkeit, die Geschwindigkeit eines Massenelements in einer gegebenen Richtung zu verändern, darin besteht, dass man eine Kraft in dieser Richtung ausübt, muss die Versuchsperson diese Kraft durch die Achse, die Lager, die Nabe und die Speichen ausüben, indem sie mit der rechten Hand nach oben und mit der linken Hand nach unten drückt. Ohne uns auf Drehmomente zu berufen, haben wir so das besondere »seitwärts gerichtete« Verhalten gyroskopischer Kräfte entdeckt: Um eine Wirkung auf eine Ebene zu erzielen, muss man demnach Kräfte in der Ebene ausüben, die im rechten Winkel zur ersten Ebene steht.

Nun zur Erklärung mit Hilfe der Drehmomente. Zunächst verläuft der Vektor des horizontalen Drehimpulses entlang der Radachse, die wir mit der x-Achse gleichsetzen. Würde man mit der rechten Hand nach vorn drücken und mit der linken nach hinten ziehen, würde diese x-Komponente des

Drehimpulses größer und die y-Komponente kleiner werden. Tatsächlich aber verläuft das ausgeübte Drehmoment um die z-Achse! Somit neigt sich die Achse eigentlich nur nach unten und vergrößert die z-Komponente, statt dem gewünschten Kurs zu folgen. Um die y-Komponente des Drehimpulses zu vergrößern, muss man ein Drehmoment um die y-Achse erzeugen – das heißt, mit der rechten Hand nach oben und mit der linken nach unten drücken!

*36. Aufprall auf eine massive Wand

Der Ball muss von der Wand mit einer Geschwindigkeit abprallen, die, selbst wenn der Aufprall elastisch ist, etwas geringer als die Aufprallgeschwindigkeit ist. Daher ist der elastische Aufprall nur eine gute Annäherung an den Idealfall, demzufolge ein Objekt die gleiche kinetische Energie vor und nach dem Aufprall besitzt. Diesen Effekt kennt man bei Gasmolekülen, die auf den idealen beweglichen Kolben auftreffen und damit während der Ausdehnung eines idealen Gases Arbeit leisten.

Der Impuls von Wand + Erde, $P = MV$, ist gleich der negativen Impulsänderung des Balls, also $2mv$. Da P nicht unendlich und M, die Masse der Erde (inklusive Wand), sehr groß ist, geht die kinetische Energie gegen null. Die kinetische Energie von Wand + Erde lässt sich durch die Gleichung $K = 1/2 \, MV^2 = P^2/2M$ ausdrücken. Dieses Ergebnis zeigt, dass ein massives Objekt einen erheblichen Impuls haben kann, obwohl es gleichzeitig aber praktisch null kinetische Energie besitzt.

Wenn Sie möchten, können Sie ja mal die Menge der kinetischen Anfangsenergie schätzen, die während des Aufpralls Wärme- und Schallenergie erzeugt hat ...

*37. Newton's Cradle

Das Spielzeug veranschaulicht die Erhaltungssätze von Impuls und Energie. Nehmen wir an, zwei Kugeln werden auf der rechten Seite aus dem Ruhezustand in einer Höhe h losgelassen und prallen auf die anderen Kugeln mit einer Geschwindigkeit v auf. Der Gesamtimpuls kurz vor dem Aufprall beträgt somit $2mv$. Nach dem Aufprall sind die drei Kugeln auf der rechten Seite im Ruhezustand, und die beiden Kugeln auf der linken Seite fliegen mit einer Geschwindigkeit v und einem Gesamtimpuls $2mv$ weg, der dem Gesamtimpuls kurz vor dem Aufprall exakt entspricht.

Auch die Energie wird erhalten: Die gesamte kinetische Energie kurz nach dem Aufprall ist $1/2\ mv^2 + 1/2\ mv^2 = mv^2$, also genauso groß wie die gesamte kinetische Energie kurz vor dem ersten Aufprall.

Warum prallt nicht eine Kugel mit der Geschwindigkeit $2v$ ab? Der endgültige Impuls wäre ja $2mv$. Aber die endgültige kinetische Energie wäre in diesem Fall $1/2\ m\ (2v)^2 = 2mv^2$.

Verbreitet ist die Vorstellung, dass die Prinzipien der Erhaltung des linearen Impulses und der Energie ausreichen, um das Verhalten der Kugeln zu erklären. Aber die beiden Erhaltungsgesetze liefern nur zwei Gleichungen für die unbekannten Endgeschwindigkeiten. Selbst wenn nur drei Kugeln verwendet würden, gäbe es zwei Gleichungen mit drei Unbekannten! Um eine Lösung zu erhalten, benötigen wir irgendein anderes Leitprinzip. Man könnte ja nur die Kollisionen von zwei Körpern betrachten. Wenn also die Kugel auf der rechten Seite mit der Geschwindigkeit v auf ihre stationäre Nachbarin aufprallt, kommt die erste Kugel zur Ruhe und die Nachbarin zur Linken beginnt sich mit der Geschwindigkeit v zu bewegen. Auf diese Weise wird der Impuls entlang der Reihe übertragen. Bei diesem idealisierten Beispiel gehen wir davon aus, dass die gesamte Energie und der gesamte Impuls auf den Kontaktpunkt zwischen den benachbarten Kugeln konzentriert sind. Im realen Fall wird ein gewisser Teil der Energie der Kugel auch auf die Aufhängung und damit auf die Umgebung übertragen.

Auch schwierigere Probleme lassen sich nunmehr lösen: So prallt zum Beispiel eine Endkugel mit der Masse $2m$ auf drei aneinandergereihte Kugeln auf, die jeweils die Masse m haben. Kurz nach dem Aufprall bewegt sich die Kugel mit der Masse $2m$ mit der Geschwindigkeit $v/3$, und die erste Kugel mit der Masse m bewegt sich mit der Geschwindigkeit $4v/3$. Solche Berechnungen lassen sich für jeden Aufprall entlang der Reihe anstellen, und damit wird das Problem vollständig gelöst.

*38. Hämmern

Wenn wir einen Pfahl in den Boden treiben, wollen wir die vom Hammerschlag auf den Pfahl übertragene kinetische Energie maximieren. Beim Schmieden eines Metallstücks wollen wir die kinetische Energie von Amboss und Hammer nach der Kollision minimieren, damit möglichst viel Energie zur Formung des Metallstücks bleibt. Die beiden Fälle sind also einander entgegengesetzt.

Betrachten wir zunächst die völlig unelastische Kollision, bei der überhaupt kein Rückstoß auftritt. Diese Art von Kollision eignet sich am besten für das Schmieden, weil der Hammer dabei auf dem Amboss mit dem Metallstück zur Ruhe kommt.

Die kinetische Anfangsenergie des sich bewegenden Hammers beträgt $1/2\ M_1 v_1{}^2$, die gesamte kinetische Energie der beiden aufeinanderprallenden Objekte unmittelbar nach der Kollision $1/2\ (M_1 + M_2)\ v^2$, wobei M_2 die Masse des Ambosses (plus die Masse des Metallstücks) ist. Wendet man nun noch den Impulserhaltungssatz an, so erhält man als Ergebnis, dass der Bruchteil der Anfangsenergie, der zur Formung des Werkstücks zur Verfügung steht, proportional zu $M_2/(M_1 + M_2)$ ist. Damit sich der Bruchteil 1 nähert, müsste die Ambossmasse M_2 zweifellos viel größer sein als die Masse des Hammers. In der Praxis wird jedoch der größte Teil der verfügbaren Energie beim Hämmern in Wärme umgewandelt.

Wenn wir den Pfahl eintreiben, wollen wir seine kinetische Energie während der Kollision maximieren, das heißt, wir müssen versuchen, die Hammermasse M_1 in Bezug auf die Pfahlmasse M_2 zu maximieren. Das oben angegebene Verhältnis ist zwar nur gültig für die Kollision, bei der sich der Hammer und der Pfahl zusammen bewegen – das heißt, bei einer völlig unelastischen Kollision –, aber daraus lässt sich hier tatsächlich die richtige Vorhersage ableiten: Man muss die Masse des Hammers so groß wie möglich machen.

Ein noch besseres Ergebnis lässt sich mit Hilfe einer vollkommen elastischen Kollision erzielen. Hier wird die gesamte kinetische Anfangsenergie des Hammers auf den sich bewegenden Pfahl übertragen, und die Reibung des Bodens muss mehr Arbeit leisten, um den sich schneller bewegenden Pfahl zur Ruhe zu bringen. Der Pfahl dringt tiefer ein. Im allgemeinen Fall hängt die auf den Pfahl übertragene kinetische Energie vom oben angegebenen

Massenverhältnis mal e^2 ab, wobei e der Rückkehrkoeffizient ist ($e = 1$ bei der elastischen, $e = 0$ bei der völlig unelastischen Kollision).

*39. Erhöhte Geschwindigkeit

Nehmen wir an, die Masse des kleinen Balls sei im Vergleich zur Masse des großen Balls zu vernachlässigen und die Kollisionen seien elastisch – zwischen Ball und Ball und zwischen Ball und Boden. Diese idealisierten Bedingungen kann man annäherungsweise erreichen, indem man Superbälle in zwei unterschiedlichen Größen verwendet. Während der elastischen Kollision mit dem Fußboden kehrt der untere – große – Ball um und beginnt sich nach oben zu bewegen. Dabei verlässt er den Fußboden mit dem gleichen Geschwindigkeitswert v, den er kurz vor dem Aufprall hatte. Gleichzeitig droht der obere Ball mit dem unteren Ball zu kollidieren. Aus der Perspektive des großen Balls nähert sich ihm der kleine Ball mit einer Geschwindigkeit $2v$ (der Geschwindigkeit des kleinen Balls plus der Geschwindigkeit des großen Balls). Wenn der kleine Ball auf den großen prallt, prallt er mit der Geschwindigkeit $2v$ in Bezug auf den großen Ball nach oben ab.

Allerdings dürfen wir nicht vergessen, dass sich der große Ball ja eigentlich gerade mit einer Geschwindigkeit v nach oben bewegt, sodass sich der kleine Ball zunächst mit der Geschwindigkeit $3v$ nach oben bewegt. Die erreichte Höhe ist gleich dem Quadrat der nach oben gerichteten Komponente der Anfangsgeschwindigkeit: Ein drei Mal schnellerer Ball fliegt neun Mal so hoch wie seine Ausgangshöhe! In den realistischeren Fällen, in denen die Kollisionen ja nie vollkommen elastisch sind, kann der kleine Ball mindestens vier Mal so hoch wie seine ursprüngliche Höhe über dem Fußboden abprallen.

Bei einer Konfiguration von drei oder mehr Bällen sind die Effekte noch dramatischer. Lässt man einen senkrechten Stapel aus drei Bällen fallen, wobei der kleinste Ball ganz oben liegt, könnte dieser kleinste Ball theoretisch eine maximale Höhe erreichen, die das 49fache der ursprünglichen Fallhöhe beträgt. Das ideale Höhenverhältnis (die erreichte Endhöhe dividiert durch die Anfangsfallhöhe) beträgt $(2^N - 1)^2$, wobei N die Anzahl der Bälle ist. Dieses Verhältnis nimmt so rasch mit N zu, dass man theoretisch einen Ball auf den Mond befördern könnte, wenn man einen Stapel von 15 Bällen aus einer Höhe von nur einem Meter fallen lässt! Allerdings müsste die Natur mitspielen und sich genau nach dem Idealfall richten …

*40. Das Ringpendel

Solange der Reifen symmetrisch zerschnitten wird, haben alle verbleibenden Objekte die gleiche Schwingungsperiode! Weitere Überraschung: Selbst wenn praktisch der ganze Reifen symmetrisch zerschnitten würde, sodass nur noch ein winziges Stückchen übrig bliebe, würde sich die Periode dennoch nicht ändern. Mathematisch kann man zeigen, dass, für kleine Ausschläge, das Trägheitsmoment und die rücktreibende Kraft dieselbe Abhängigkeit vom Abstand zum Drehpunkt haben. Die durch das Zerschneiden bewirkten Veränderungen dieser beiden Größen heben sich daher gegenseitig auf, und damit bleibt die Schwingungsdauer konstant.

*41. Ein parametrisches Pendel

Das System verhält sich wie ein parametrischer Oszillator. Der Parameter, der mit der Zeit variiert, ist der Ort der Aufhängung. Die Amplitude der einfachen Pendelschwingung nimmt am stärksten zu, wenn der Ort der Aufhängung mit der doppelten Frequenz der Eigenschwingung des Pendels variiert, $f = 2f_0$, (parametrische Resonanz). Im Resonanzfall ist die Energieübertragung von der Schwingung des Aufhängepunkts auf das Pendel am effektivsten. Tatsächlich ist es bei diesem parametrischen Beispiel ebenso wie bei dem vertrauteren Beispiel eines Kindes auf einer Schaukel ziemlich wirkungsvoll, wenn Energie mit $2f_0$ zugeführt wird. Wenn sich die Eltern auf beiden Seiten der Schaukel befinden, können sie mit Sicherheit die Amplitude erhöhen – sehr zur Freude des Kindes!

Eine Frage der Struktur

42. Der Doppel-T-Träger

Legen Sie einen Holzbalken an beiden Enden auf eine Stütze. Wenn Sie nun entlang dem Balken ein paar Objekte aufhängen, wird sich der Balken durchbiegen. Die oberen Schichten des Balkens werden zu einer geringfügig kürzeren Länge komprimiert, während die unteren Schichten durch die Zugkraft verlängert werden. Dazwischen gibt es eine neutrale Holzschicht, die die gleiche Länge behält und nur den Zweck hat, die oberen und die unteren Schichten zu verbinden.

Stahl ist teurer als Holz und viel dichter. Bei Trägern aus Stahl muss das Material größtenteils dort platziert sein, wo es den größten Nutzen bringt – das heißt, sehr wenig Stahl sollte sich in der Mitte befinden, also in der Nähe der neutralen Schicht.

43. Das Aluminiumrohr

Die massive Stange ist viel schwerer zu verbiegen, weil an der Biegungsstelle mehr Material gedehnt werden muss. Physikalisch formuliert: Bei der Stange ist mehr Energie erforderlich, um die gleiche Biegung wie beim Rohr zu erzeugen, weil mehr Atome betroffen sind.

44. Zwei Rollen

Wenn sich die Rollen im Uhrzeigersinn drehen, wickelt sich der Riemen um einen größeren Abschnitt der Rollenumfänge ab, wodurch sich die Kopplung zwischen ihnen und damit die übertragene Kraft erhöht.

45. Die Tensegrity-Struktur

Alle Zugkräfte werden von den Drähten und alle Druckkräfte von den Stäben aufgenommen. Die Struktur ist so aufgebaut, dass die Summe aller Kräfte in jedem Punkt gleich null ist. Daher ist die Struktur stabil und erfährt nirgends eine Beschleunigung (zweites Newton'sches Axiom).

Große, bis zu über 20 Meter hohe Tensegrity-Strukturen kann man auf den Freiflächen mancher Museen besichtigen. Sie selbst können sich kleine Tensegrity-Strukturen basteln. Schneiden Sie in einen geeigneten Karton an den entsprechenden Stellen Löcher, sodass die Stäbe und Drähte provisorisch gehalten werden. Wenn das Gebilde fertig ist, schneiden Sie einfach die Pappe weg.

46. Vertikaler Druck

Wie alle Materialien sind auch Ziegel bei einer geringen Kompression bis zu einem gewissen Grad elastisch. Auch der Mörtel zwischen den Ziegelreihen, der für die Lastübertragung von oben auf die Ziegelreihe darunter sorgt, ist komprimierbar. Doch der Mörtel wird auf den verschiedenen Seiten des Gebäudes nicht gleichmäßig zusammengedrückt, sodass es im Laufe der Zeit zu zunehmenden Stabilitätsproblemen kommen kann.

Das geschulte Auge erkennt auch noch andere Effekte. So kann man zum Beispiel bei genauer Untersuchung an vielen Gebäuden mehr Risse auf der Sonnenseite als auf der Schattenseite entdecken, weil sich das Gebäude bei den auftretenden Temperaturschwankungen unterschiedlich ausdehnt und zusammenzieht. Die Stabilität in den Bereichen mit Rissen in den Ziegeln ist im Allgemeinen geringer.

47. Das Schiff in der Höhe

Nein. Das Gewicht des verdrängten Wassers ist gleich dem Gewicht des Schiffes (archimedisches Prinzip), sodass sich dieses verdrängte Wasser auf- und abwärts im Kanal bewegt. Der Statiker muss also nur das Gewicht des Wassers auf der Brücke berücksichtigen.

48. Hält doppelt auch in der Länge besser?

Obwohl die Schnüre aus dem gleichen Material sind und ihr Stärke-Längen-Verhältnis daher den gleichen Wert hat, ist im Vergleich zur kürzeren Schnur bei der längeren Schnur etwa doppelt so viel Kraft erforderlich, damit sie reißt. Warum? Weil doppelt so viele Atombindungen »gedehnt« werden müssen. Daher wird zuerst die kürzere Schnur reißen. Die längere Schnur ist elastischer.

Denken Sie doch einmal darüber nach, ob ein Angler einen 25 Kilo schweren Fisch mit einer Angelschnur fangen kann, die eine Reißfestigkeit von 5 Kilo hat!

49. Der Schiffsanker

Auf die Kette kann eine Maximalkraft ausgeübt werden, ohne dass sie bricht. Wenn die Kette plötzlich ruckartig angezogen wird, wird zu ihrer eigenen Masse die Masse des Ankers addiert, und die Chance nimmt zu, dass diese Maximalkraft überschritten wird. Daher ziehen erfahrene Seeleute sacht an der Ankerkette, wenn sie den Anker einholen.

50. Zwei Schraubenbolzen

Die Bolzenköpfe werden gleich weit voneinander entfernt bleiben, und dabei spielt es keine Rolle, welcher Schraubenbolzen festgehalten wird.

Solange die Gewinde ineinander greifen, ist, vom Bolzenkopfende her betrachtet, eine Bewegung im Uhrzeigersinn von Bolzen B um A herum die gleiche wie eine Bewegung gegen den Uhrzeigersinn von A um B herum. Während sich B um das Gewinde von A zum Kopf von A hin bewegt, bewegt sich A um das Gewinde von B vom Kopf von B weg. Die Bewegung der beiden Gewinde hebt sich auf. (Wenn Sie gerade keine zwei identischen Schraubenbolzen zur Hand haben, können Sie sich das Problem veranschaulichen, indem Sie es mit einem Finger von jeder Hand probieren.)

51. Die Zweige eines Baums

Mit ein paar Schätzungen lässt sich verdeutlichen, warum Verzweigungsmuster in der Welt des Lebendigen so weit verbreitet sind. Dabei sei die Entfernung zwischen benachbarten Punkten in den beiden Zeichnungen gleich einer Entfernungseinheit. Dann beträgt die Gesamtlänge für alle Wege, die jeweils im Zentrum beginnen und an einem bestimmten Punkt (einem Blatt) enden, 90 Einheiten im Verzweigungsmuster (a) und 233,1 Einheiten im radialen Muster (b). Aber die durchschnittliche Weglänge beträgt 3,67 Einheiten in (a) und 3,37 Einheiten in (b). Somit ist zwar die durchschnittliche Weglänge in (a) ein wenig länger, doch das Verzweigungsmuster (a) hat eine viel kürzere Gesamtlänge als das radiale Muster (b). Wenn die Verteilung mit möglichst geringem Energieaufwand erfolgen soll, ist das Verzweigungsmuster weit überlegen. Darum sind Baumäste, Blutgefäße, Flüsse und sogar U-Bahn-Streckennetze lauter Beispiele für Verzweigungsmuster.

52. Hurrikane und Stürme

Nein. Der 200 km/h schnelle Hurrikan ist vier Mal so stark wie der 100 km/h schnelle Sturm. Die Stärke des Windes variiert mit dem Quadrat der Windgeschwindigkeit, weil nicht nur die Geschwindigkeit, mit der das Haus getroffen wird, größer ist, sondern auch die Luftmasse, die auf das Haus trifft. Wenn sich die Windgeschwindigkeit verdoppelt, dann trifft pro Sekunde die doppelte Masse mit der doppelten Geschwindigkeit auf das Haus. Der Impuls auf das Haus ist damit vier Mal so groß wie bei halber Windgeschwindigkeit.

Diese Überlegungen gelten nicht für sehr geringe Wind-
geschwindigkeiten und für die laminare Luftströmung um
das Haus.

53. Der Statiker

Der Statiker hat Recht. Häuser werden auf ihre Steifheit
und nicht auf ihre Stärke hin konstruiert, weil dieses Ziel
billiger und leichter zu erreichen ist. Die Gebäudeform soll
fest bleiben – also steif. Häuser tragen keine bedeutenden
Lasten, sodass die Wand- und Fußbodenstärken nicht von
entscheidender Bedeutung sind. Das ändert sich erst unter
besonderen Umständen, etwa wenn in der Mitte eines
Raums im zweiten Stock ein Wasserbett oder eine schwere
Last stehen soll. Wenn allerdings alle Besucher der Silvesterparty in der Mitte einer großen Fläche im oberen
Stockwerk stehen und zu springen beginnen, tja, dann ...

54. Meine Arterien sind steif!

Sehen Sie sich das Diagramm auf S. 126 genau an, das die
Reaktion mehrerer Materialien auf eine angewandte Kraft
zeigt. Erkennen Sie, wie eine Verstärkung der angewandten
Kraft bei Gummi, Kollagen oder Elastin – letztere sind Fasern
in der Arterienwand – zu einer Dehnung des Materials führt?
Sehen Sie sich nun die Dehnung des Arteriengewebes an.
Die Verstärkung der angewandten Kraft führt anfangs zu
einer ganz geringen Dehnung, doch dann kommt es plötzlich zu einer großen Dehnung, wenn die angewandte Kraft
über eine Schwelle hinaus verstärkt wird.
Wenn die Arterienwände weniger steif wären, würden sie sich
immer dann nach außen wölben, wenn der Blutdruck wäh-

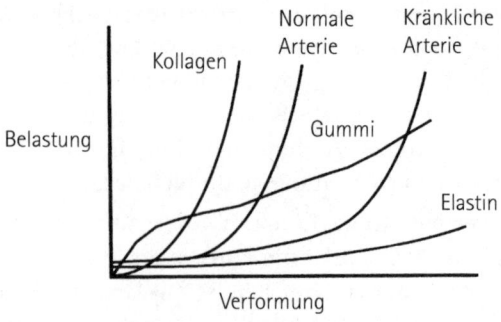

Verformung

rend des Herzschlags steigt. Derartige Fälle – so genannte Aneurysmen – sind Missbildungen und können zum Platzen der Arterie führen. Die gesunde Arterienwand ist gerade elastisch genug, um Druckschwankungen auszugleichen.

55. Der Sportbogen

Beim normalen Abschießen eines Pfeils wird die Spannkraft des Bogens zur Beschleunigung des Pfeils verwendet. Die potentielle Energie des gespannten Bogens wird zum größten Teil in Bewegungsenergie des Pfeils umgewandelt. Nur sehr wenig Restenergie muss vom Bogen aufgenommen werden und verformt ihn. Ohne den eingelegten Pfeil steht die gesamte Energie für die Verformung des Bogens zur Verfügung. Dabei kann der Bogen zerstört werden.

56. Das Geheimnis der Bratwurst

Der Länge nach. Die Wursthaut enthält nicht nur, wie die Haut jedes Druckbehälters, den Inhalt, sondern kompensiert auch die Kräfte des Innendrucks, also die Kraft pro

Flächeneinheit. Bei zylindrischen Formen mit gleichmäßiger Wandstärke ist die Reißfestigkeit entlang des Umfangs beinahe doppelt so groß wie entlang der Längsseite. Somit platzt die Wurst normalerweise der Länge nach. Andere Arten von Röhren verhalten sich ähnlich, etwa Plastikschläuche, Metallrohrleitungen, Blutgefäße (z. B. die Aorta) und Gewehrläufe.

57. Mein Auto ist eine Stahlkiste!

Nach der alten Chassismethode gebaute Autos besaßen nicht genügend Verwindungssteifigkeit. Das heißt, einzelne Teile des Chassis und der Karosserie verbogen sich unterschiedlich stark, und diese so genannte differentielle Verwindung führte dazu, dass beim normalen Autofahren höchst unterschiedliche Anforderungen an die Aufhängung gestellt wurden.

Die moderne Karosserie – die Stahlkiste – ist im Prinzip eine große Torsionsbox, die sowohl stark wie auch sehr steif ist. Tatsächlich nimmt bei einer Torsionsboxstruktur der Verwindungswiderstand im Quadrat der Querschnittsfläche zu. Folglich ist die Torsionsreaktion weniger sprunghaft, und eine bessere Aufhängung wird möglich, weil die Spielräume der physikalischen Betriebsparameter stärker begrenzt sind.

58. Ballonstruktur

Der Luftdruck im Inneren der Blase muss ein wenig über dem atmosphärischen Druck gehalten werden, damit er die Stoffhaut der Blase über dem Stadion oder dem Tennisplatz trägt. Die Rolle eines starren Gerüsts, wie es die meisten Gebäude besitzen, übernimmt die Druckluft im Inneren. Nehmen wir an, das Stoffdach hat eine Flächendichte von 0,5 Kilogramm pro Quadratmeter, entsprechend einer nach unten gerichteten Gewichtskraft von etwa 5 Newton pro Quadratmeter (N/m^2). Um dieser Gewichtskraft das Gleichgewicht zu halten, also um das Dach zu tragen, benötigen wir eine nach oben gerichtete Kraft von ebenfalls 5 Newton pro Quadratmeter. Dieser Wert entspricht einem Überdruck von 0,0005 N/cm^2 im Innern der Halle – ein verblüffend kleiner Wert. Das schaffen bereits ein paar kleine Ventilatoren. Die Türen müssen natürlich geschlossen bleiben …

*59. Hüpfende Flöhe

Weil die in der Frage unterstellte lineare Skalierung der Sprunghöhe falsch ist. Nehmen wir an, ein Tier habe die lineare Größe L. Die Kraft F des Tieres ist dann proportional zur Querschnittsfläche L^2 seiner Muskeln und seine Masse m ist proportional zu seinem Volumen L^3. Somit ist die Beschleunigung F/m, die das Tier erreichen kann, proportional zu $L^2/L^3 = 1/L$. Nach dem Energiesatz muss die potentielle Energie der erreichten Sprunghöhe h gleich sein der beim Sprung geleisteten Arbeit, also $mgh = FL$. Löst man diese Gleichung nach h auf, so erhält man das bemerkenswerte Ergebnis, dass die Sprunghöhe gar nicht von der Größe L des Tieres abhängt. Ein auf Menschengröße angewachsener Floh könnte also auch nur 33 cm hoch springen. Die menschliche Muskulatur ist also deutlich kräftiger als die des Flohs.

*60. Die Vergrößerung von Tieren

Eine Verdoppelung des Knochendurchmessers macht die Knochen (im Durchschnitt) nur vier Mal so stark, vergrößert man den ursprünglichen Knochendurchmesser aber um das $2\sqrt{2}$fache, können die Knochen das Gewicht tragen. Auch die Rippen müssen um den Faktor $2\sqrt{2}$ vergrößert werden, weil sie außerdem noch Biegelasten ausgesetzt sind.

Bemerkenswerterweise muss der Durchmesser der Wirbel nur doppelt so groß werden, weil die Wirbel meist unter Kompression stehen und gegeneinander drücken (mit einer Bandscheibe als Puffer dazwischen). Ältere Knochen haben zwar eine größere Bruchstärke, werden aber spröder, wenn sie Biege- und Drehkräften ausgesetzt sind.

*61. Eine Treppe bis zur Unendlichkeit

Die Standardlösung lautet: Er kann. Und nicht nur um mehr als seine Länge, sondern so weit, wie wir möchten! Natürlich muss man bei jeder der beiden folgenden Lösungen die Bruchstärkegrenze ignorieren …

Die Zeichnung veranschaulicht es: Wenn ein Ziegel auf einen anderen gelegt wird, fällt der obere Ziegel nicht

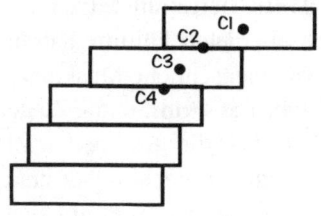

hinunter, insofern sich sein Schwerpunkt irgendwo über dem Ziegel befindet, der direkt unter ihm ist. Der oberste Ziegel kann also maximal um die Hälfte seiner Länge überstehen, weil dann sein Schwerpunkt C_1 direkt über dem Ende des Ziegels darunter liegt.

Analysieren wir einmal diese Struktur. Wie können zwei Ziegel auf einen dritten gelegt werden, damit der maximale Versatz erzielt wird? Der gemeinsame SP der beiden obersten Ziegel liegt bei C_2, ein Viertel der Ziegellänge vom Ende des zweiten Ziegels entfernt. Wir richten also C_2 über dem Ende des dritten Ziegels von oben aus. Der zweite Ziegel ragt somit um ein Viertel der Ziegellänge über den Ziegel darunter hinaus.

Um diese drei Ziegel mit einem maximalen Versatz auf einen vierten Ziegel zu legen, richten wir den SP der drei Ziegel, C_3, über dem Ende des neuen unteren Ziegels aus. Wie ermitteln wir diesen Schwerpunkt? Indem wir das Drehmoment der obersten beiden Ziegel im Uhrzeigersinn um die Achse durch C_3 dem Drehmoment des dritten Ziegels gegen den Uhrzeigersinn gleichsetzen. Diese Stufenreihe kann man nun ad infinitum fortsetzen. Der Gesamtversatz des obersten Ziegels über dem untersten Ziegel ergibt sich schließlich aus einer unendlichen Reihe: Gesamtversatz = $L/2$ $(1 + 1/2 + 1/3 + 1/4 + 1/5 + \ldots)$, wobei L die Länge eines Ziegels ist. Die in Klammern stehende Summe ist die berühmte harmonische Reihe, die nicht konvergent ist – das heißt, ihre Summe ist größer als jede endliche Zahl.

Die Alternativlösung: Stapeln Sie die Ziegel auf die unteren Ziegel so, dass sich die gestapelten Ziegel in *beiden* Richtungen vom Zentrum nach außen erstrecken, um die Drehmomente auszugleichen. Es ergibt sich eine vertikale

Symmetrielinie, wenn jeder Ziegel auf der linken Seite von einem identischen Ziegel auf der rechten Seite ausbalanciert wird. Beide Seiten können sich bis zur Unendlichkeit erstrecken.

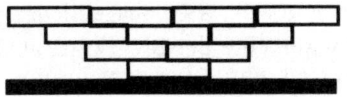

*62. Das Lasso

Die Rotation der nahezu kreisförmigen Lassoschlinge in einer vertikalen Ebene wird von der Hand bewirkt, die einen Abschnitt des Lassos, der nicht zur Schlinge gehört, kreisförmig bewegt. Diese Bewegung beginnt fast senkrecht zum Lasso und ergibt zunächst eine kleine Schlinge. Wenn diese Schlinge größer wird, nimmt die Länge des von der Hand gehaltenen Lassoabschnitts zur Schlinge hin zu, und der Winkel zwischen dem Lassoabschnitt und der Schlinge wird viel kleiner als 90 Grad und nähert sich rasch der vertikalen Ebene der größeren Schlinge.

Um die gesamte vertikale kreisförmige Schlinge herum muss die auf den kleinen Lassoabschnitt ausgeübte Nettokraft radial nach innen gerichtet sein, damit in diesem idealen Fall die nach innen gerichtete radiale Beschleunigung für die Bewegung um den Kreis erzeugt wird. Diese nach innen gerichtete Nettoradialkraft ist die Vektorsumme von drei Kraftarten: 1. den Spannungskräften der beiden benachbarten Lassoabschnitte, und zwar jeweils eine Kraft auf jeder Seite des gegebenen Lassoabschnitts, 2. der radialen Komponente der Schwerkraft und 3. der radialen Komponente der Biegekraft aufgrund der Steifigkeit des Lassos oder des Widerstands gegen eine laterale Verformung. Bei einer kreisförmigen Schlinge muss jede Veränderung der radialen Schwerkraftkomponente mit einer Winkelposition um die Schlinge durch Veränderungen in den Spannungskräften ausgeglichen werden, wenn die radiale Komponente der Biegekraft als konstant vorausgesetzt wird.

Die radiale Schwerkraftkomponente ändert sich mit dem Wert von cos α, wobei α der Winkel ist, indem die Schlingenebene von der Senkrechten abweicht. Folglich muss sich auch die Spannungskraft im Lasso mit cos α ändern, wobei die maximale Spannung an der Unterseite der Schlinge auftritt. Außerdem wird diese Spannungskraft mit der Rotationsgeschwindigkeit der Schlinge zunehmen. Gibt es eine minimale Rotationsgeschwindigkeit, die die Kreisform der Schlinge aufrechterhält? Ja. Wenn $v = \sqrt{Ra}$, dann wird die richtige radial nach innen gerichtete Beschleunigung a durch die drei oben erwähnten Kräfte erzeugt, wobei v die Tangentialgeschwindigkeit und R der Radius der Schlinge ist. Sinkt v unter diesen Minimalwert, dann fällt der Kreis in sich zusammen.

Auf der Überholspur

63. Der Kinderwagen

Ja. Über eine gegebene Strecke dreht sich das Rad mit einem Durchmesser von 30 cm doppelt so oft wie das größere Rad, sodass mehr Arbeit gegen die Reibung in den Lagern an der Achse geleistet werden muss.

Außerdem müsste man die Kieselsteine auf der Straße oder dem Weg berücksichtigen. Die horizontale Kraft, die erforderlich ist, um das 30 cm große Rad über den Kies zu schieben, ist größer als die Kraft, die für das 60 cm große Rad aufgewendet werden muss. Man könnte das Kraftdiagramm zeichnen und die vertikalen und horizontalen Kraftkomponenten beim Bewegen des Rads über den Kies untersuchen. Dieser Effekt ist ein Grund dafür, warum die berühmten Planwagen der frühen Siedler im amerikanischen Westen so große Räder hatten. Darüber hinaus, weniger Umdrehungen bedeuteten auch eine geringere Abnutzung der Achsen.

64. Der fallende Radfahrer

Wenn der Radfahrer in Fallrichtung lenkt, beschreibt er einen gekrümmten Weg mit einem Radius, der genügend Zentrifugalkraft erzeugt, um sich selbst und das Fahrrad wieder aufzurichten. Sobald der Radfahrer sich erneut in der Senkrechten befindet, dreht er den Lenker so, dass er in der ursprünglichen Richtung weiterfährt. Vor diesem Manöver waren der Radfahrer und das übrige Fahrrad hinter das Vorderrad eingeschwenkt, nämlich aufgrund eines Nachlaufeffekts.

Der Radfahrer neigt dazu zu übersteuern. Um aus der Anfangskurve herauszukommen, ist er gezwungen, in eine andere Kurve auf der anderen Seite der ursprünglichen Richtung zu fahren. Also beschreibt er eine Reihe von Bögen, die bei hoher Geschwindigkeit fast nicht wahrzunehmen sind. Immerhin kann sich der Radfahrer bei hohem Tempo den Luxus eines großen Krümmungsradius r leisten – einen fast geraden Weg –, da er eine ausreichende

Zentrifugalkraft aus einem großen v^2-Term im Zähler der
Formel $F_{zentrif} = m\, v^2/r$ herausholt.

65. Vollbremsung

Die zwischen zwei Körpern auftretende Reibungskraft
ist direkt proportional der Kraft, die sie zusammendrückt,
und dem Reibungskoeffizient, wenn ein Körper mit dem
anderen Kontakt hat. Wenn die Bremse betätigt wird,
wird das Auto nach vorn geschleudert, weil die vier
Räder ihre Vorwärtsbewegung verlangsamen, während
die Karosserie sich weiter vorwärts bewegt. Die Verbin-
dungen zwischen den Rädern und der Karosserie wirken
schließlich auf die Karosserie ein und verlangsamen sie
ebenfalls. Der Schwerpunkt des Autos befindet sich ober-
halb des Abrollpunkts der Vorderräder und übt daher
beim Bremsen ein Drehmoment aus. Dieses Drehmoment
hebt den Schwerpunkt des Autos und kann schlimmsten
Falls zu einem Überschlag nach vorne führen. Zum Glück
wirkt diesem gefährlichen Drehmoment das Drehmoment entgegen, das die Schwerkraft auf den Auto-
schwerpunkt ausübt. Das Nettodrehmoment lässt das
Auto bei einer Vollbremsung vorne merklich einknicken.
Dabei erhöht sich die Gewichtskraft auf die Vorderräder
um nahezu 10 Prozent des Autogewichts. Um denselben
Betrag werden die Hinterräder entlastet. Die Bremsen an
den Vorderrädern müssen daher deutlich mehr Brems-
kraft (bis zu 65%) aufbringen als die an den Hinterrädern.

66. Bremsen

Die beiden Fälle zeitigen ganz unterschiedliche Ergebnisse. Auf der ebenen Straße gibt es keinen Ruck, wenn die Bremse bei Geschwindigkeit null betätigt wird. Auf der Steigung ist ein Ruck zu spüren, wenn die Bremse bei Geschwindigkeit null betätigt wird, da man dann die Schwerebeschleunigung spürt.

67. Überraschungsauto

Das weiße Auto (mit den blockierten Vorderrädern) wird vorwärts hinunterfahren, während sich das schwarze Auto dreht, sodass seine blockierten Hinterräder nach vorn geraten!
Die Reibung, die zwischen den rollenden Rädern und der Oberfläche auftritt, ist die Haftreibung (jedes rollende Rad ist dort, wo es die Oberfläche berührt, vorübergehend im Ruhezustand). Die blockierten Räder rutschen, sodass diese Räder eine Gleitreibung erfahren, die für den Kontakt zwischen den zwei gleichen Materialien kleiner ist. Das schwarze Auto fährt zunächst mit dem vorderen Ende vorwärts, rutscht aber nicht richtig. Wenn sich das Auto ein wenig dreht, erzeugt der Hangabtrieb zusammen mit den ihm entgegengerichteten, aber unterschiedlich starken Reibungskräften ein Drehmoment. Dieses Drehmoment schwenkt das hintere Ende des Autos nach vorne.

68. Die Motorbremse

Die Bremswirkung ist im ersten Gang am größten, weil sich der Motor im ersten Gang am schnellsten dreht (und zwar bei jeder Geschwindigkeit). Weil sich der Motor schneller dreht, wird die kinetische Energie schneller in die Wärmeenergie der Motorreibung umgewandelt. Um die Geschwindigkeit auf einem Gefälle zu verlangsamen, ist die Motorbremse eine gute Alternative zum normalen Bremsen, bei dem kinetische Energie in Wärmeenergie an den Bremsen umgewandelt wird.

69. Das Getriebe

Der Verbrennungsmotor entwickelt sehr wenig Drehmoment (Torsionskraft) bei niedrigen Geschwindigkeiten, sodass diese Art von Motor bei Umdrehungsgeschwindigkeiten unter etwa 300 Umdrehungen pro Minute sehr leicht stehen bleibt. Sein Drehmoment ist bei geringen Umdrehungen so klein, dass jede größere Last den Motor zum Stillstand bringen kann. Daher ist eine Kupplung erforderlich, die den Motor vom Getriebe trennt und allmählich mit der Last verbindet, bis die Umdrehungsgeschwindigkeit mehr als etwa 1000 Upm erreicht, denn erst an diesem Punkt wird ein brauchbares Drehmoment entwickelt. Eine Dampfmaschine und ein Elektroauto können das nahezu volle Drehmoment aus dem Stand entwickeln!

70. Das Reifenprofil

Das Profil an Reifen verringert bei Trockenheit geringfügig ihren Halt auf der Straße – dabei hat weniger Gummi Kontakt mit der Straße. Normalerweise ist beim Kontakt von starren Feststoffen untereinander die Haftreibungskraft unabhängig von der Kontaktfläche, aber Reifen sind ja nicht starr. Somit ist der Bremsweg für ein Auto auf trockenem Straßenbelag bei glatten Reifen kürzer als bei Reifen mit einem guten Profil!

Reifen mit Profil sind für nasse Straßen so konstruiert, dass das Wasser in die Rillen ausweichen kann und der Reifen mit der Straße ohne einen dünnen Wasserfilm dazwischen Kontakt hat. Insgesamt wird der geringe Grip auf trockenen Straßen durch das bessere Verhalten auf nassen Straßen wettgemacht.

Bremsbeläge sind glatt und nicht gerillt, damit die Kontaktfläche maximiert wird, weil das Material kein starrer Feststoff ist, sondern ein Feststoff, der bei höheren Temperaturen mehr »nachgibt«. Die »Slicks« an Rennautos werden vor dem Start »eingebrannt«, um die »Klebrigkeit« des Reifenkontakts mit der Rennstrecke zu erhöhen – das heißt, um den Haftreibungskoeffizienten und den maximalen Wert der Haftreibung vor dem Rutschen zu erhöhen.

71. Der starke Wind

In dem Augenblick, da die Räder zu rutschen beginnen statt zu rollen, geht die Haftreibungskraft zwischen den Rädern und der Straße in die Gleitreibungskraft über. Die seitliche Windkraft von links kann nun die maximale Gleitreibungskraft der Reifen gegen die Straße überschreiten und das Auto in Richtung der Spur rechts beschleunigen.

72. Räder

Die tangential montierten Speichen von Fahrrädern tragen zwei Arten von Last: eine radiale Last, indem sie die Nabe tragen, welche wiederum den Rahmen und den Radfahrer trägt, und eine tangentiale Last, indem sie den Torsionskräften widerstehen, die von der Kette auf das Zahnrad (meist das hintere) und von den Bremsen auf die Reifen (auf einen oder auf beide) übertragen werden. Damit die Speichen tangentiale Lasten in jeder Richtung tragen können, sind sie an der Nabe sowohl vorwärts wie rückwärts tangential angeordnet.

Räder mit radialen Speichen, die hauptsächlich radiale Lasten tragen, wurden erstmals um 2000 v. Chr. an Karren in Syrien und Ägypten verwendet. An Kutschen und Karren wurden sie später überall da eingesetzt, wo sich die Antriebsquelle außerhalb des Fahrzeugs befand.

73. Newtons Paradox

Die Anwendung von Newtons zweitem Bewegungsgesetz löst dieses Paradox. Stellen wir uns zunächst vor, der Wagen sei von einer imaginären Kiste umgeben. Dann fragen wir, welche horizontalen Kräfte von außerhalb dieser Kiste wirken. Wenn die Summe dieser äußeren Kräfte in horizontaler Richtung nicht null ist, dann gibt es in der Richtung dieser Nettokraft eine Beschleunigung. Bei diesem Problem zieht das Seil vorwärts am Wagen und liefert die Nettovorwärtskraft.

Oft werden die Dinge durcheinander gebracht, wenn man Newtons Axiome anzuwenden versucht, ohne dass man nur die auf das betreffende Objekt wirkenden äußeren

Kräfte ermittelt. Wenn man zum Beispiel isoliert das Pferd betrachtet, begreift man sofort, dass die eigentliche äußere Kraft, die das edle Ross beschleunigt, die auf die Hufe wirkende Haftreibungskraft der Straße ist, und diese Kraft kann größer als der rückwärts gerichtete Zug des Seils am Wagen sein.

74. Die folgsamen Gepäckwagen

Die Räder jedes Gepäckwagens nehmen den gleichen Weg wie die Räder des vorausfahrenden Wagens. Mit anderen Worten: Kein Wagen wird eine Abkürzung fahren, sondern behält seine Position in einem kreisförmigen Bogen bei. Da die Wagen identisch sind, sind auch die Winkel der Zugstangen gleich, und so ergibt sich ein kreisförmiger Bogen.

Dieses Problem wurde einem von uns (Franklin Potter) 1967 von Richard Feynman gestellt. Am Vortag hatte Feynman am Flughafen nämlich beobachtet, wie zusammengekoppelte Gepäckwagen einander zum Flugzeug »folgten«.

75. Die Rolltreppe

Wenn mehr Menschen die nach oben fahrende Rolltreppe betreten, müsste sich die Geschwindigkeit eigentlich verlangsamen, wenn die Motoren ein konstantes Leistungsniveau beibehalten würden – also eine konstante Arbeitsgeschwindigkeit. Die realen Rolltreppen passen allerdings ihre Leistung an, um eine nahezu konstante Geschwindigkeit beizubehalten.

76. Die Achterbahnfahrt

Jeder Insasse einer Achterbahn erlebt die Fahrt anders. Wenn die Bahn zum Beispiel über einen Berg fährt, nimmt sie erst wieder Fahrt auf, wenn ihr Massenmittelpunkt den Scheitelpunkt erreicht. Die vorderen Fahrgäste befinden sich bereits auf einer langsamen Abfahrt, sodass sie eine verzögerte Beschleunigung erleben. Die Passagiere in der Mitte sitzen in der Nähe des Scheitelpunkts und beginnen sich gerade abwärts zu beschleunigen. Und die Insassen im hintersten Wagen erleben auf dem Weg nach oben eine Zunahme der Geschwindigkeit. In den Tälern treten die umgekehrten Effekte auf.

77. Die Klothoid-Schleife

Die Achterbahn verlangsamt sich, wenn sie im Looping nach oben fährt, da die potentielle Schwerkraftenergie auf Kosten der kinetischen Energie wächst. Die Klothoid-Schleife hat zwei Vorteile gegenüber der kreisförmigen Schleife. Die spitzere Kurve oben führt zu einer größeren radialen Beschleunigung, sodass die Insassen in den Wagen bleiben, selbst wenn sie sich langsam bewegen. Und die langsameren Geschwindigkeiten, die erforderlich sind, um den Looping zu schaffen, reduzieren die ungeheure Beschleunigung, die normalerweise am Ende einer kreisförmigen Schleife auftritt, auf einen für die Insassen erträglicheren Wert.

78. Beim Abbiegen

Wenn ein Auto um eine Ecke biegt, rutschen alle Räder ein wenig. Die Räder außen in der Kurve legen stets eine längere Strecke zurück, weil hier der Kurvenradius größer ist.

An praktisch allen Autos sind die Vorderräder (und an allradbetriebenen Fahrzeugen auch die Hinterräder) so konstruiert, dass das Rutschen minimiert wird: Die beiden Räder zeigen gegebenenfalls in leicht unterschiedliche Richtungen, und das äußere Rad dreht sich schneller. Dennoch rutscht jedes Vorderrad ein wenig, weil sich der optimale Zustand nur in einem sehr kleinen Bereich des Kontakts von Reifen und Straße erzielen lässt. An den anderen Abschnitten des Reifens wird beim Kontakt ein gewisser Schlupf auftreten. Nicht so gut ist die Situation an den Hinterrädern, selbst dann nicht, wenn sie sich unterschiedlich schnell drehen können, weil sie parallel zueinander bleiben.

79. Das übermotorisierte Auto

Ein 75 km/h schnelles Auto erfährt einen Windwiderstand, den ein Motor, um die Geschwindigkeit konstant zu halten, mit 20 PS (14,8 Kw) ausgleichen kann. Aber ein so kleiner Motor wird einen schweren Wagen nur ziemlich langsam beschleunigen können, und das kann gefährlich werden, wenn der Fahrer zum Beispiel ein anderes Fahrzeug überholen muss. Daher ist ein Motor mit mindestens 60 PS zu empfehlen – aber 200 PS und mehr sind reine Schau!

80. Autos mit Vorderradantrieb

Jedes Fahrzeug mit viel Gewicht über den Antriebsrädern hat auf Schnee eine bessere Traktion (Zug). Die größere Normalkraft sorgt für einen größeren Maximalwert der Haftreibungskraft, sodass das Rad mit mehr Kraft horizontal gegen den Schnee drücken kann, bevor es durchdreht. Pickups mit Heckantrieb können mit Sandsäcken beladen werden, damit ihr Gewicht über den Antriebsrädern erhöht und so die Traktion in Schnee oder Schlamm verbessert wird.

81. Der gut gepackte Rucksack

Wenn man die dichteren Gegenstände höher in den Rucksack legt, ist das physikalisch gesehen sinnvoll. Je höher der Schwerpunkt des Rucksacks liegt, desto kleiner ist der Winkel, in dem sich der Wanderer in der Taille vorbeugen muss, um seinen Schwerpunkt über seine Füße zu bringen. Ein kleinerer Winkel bedeutet auch eine geringere Belastung des Magens und der Rückenmuskeln. Manche Eingeborene haben dieses Verfahren perfektioniert, indem sie schwere Lasten direkt auf dem Kopf tragen, sodass sie sich nicht mehr vorbeugen müssen.

82. Die schnellsten Tiere

Der Gepard und der Gabelbock wiegen natürlich viel weniger als der Elefant, sodass ihre Beine erheblich weniger massiv sind. Außerdem lässt sich ihr Körper ganz leicht verbiegen, und darum können sie ihre Beine mehr nach vorn und nach hinten strecken als die meisten anderen Tiere. Weil die Beinmuskelstärke mit der Querschnittsfläche zunimmt, während die Masse mit dem Volumen zunimmt, verlieren schwerere Tiere im Allgemeinen an Beinstärke pro Kilogramm Körpergewicht. Somit hat der Elefant zwar schwerere Beine und größere Beinmuskeln, aber die Beinmuskelstärke pro Kilogramm Beinmasse liegt erheblich unter den Werten des Geparts und des Gabelbocks. Selbst ohne die ganze Masse über den Beinen würde der Elefant also das Wettrennen verlieren.

83. Das schwankende Brett

Die Reibung zwischen den sich drehenden Wellen und dem Brett reicht aus, um das Brett periodisch nach links und nach rechts zu schieben. Wie die Zeichnung zeigt, liegt das Brett zunächst asymmetrisch auf den identischen Wellen. Die Welle, die den größeren Teil des Brettgewichts trägt, erfährt vorübergehend die größere Reibungskraft, die es ihr ermöglicht, das Brett zur anderen Welle hin zu schieben. Wenn sich die Situation umkehrt, revanchiert sich die andere Welle, und das Brett kehrt zur ersten Welle zurück. Solange die andere Welle durch Reibung verhindern kann, dass sich das Brett zu weit bewegt – das heißt, dass der Massenmittelpunkt des Brettes über die Welle hinausgeht –, werden die Schwankungen endlos so weitergehen – zumindest so lange, bis sich das Brett völlig abgewetzt hat ...

*84. Die Tretkurbel

Das Fahrrad wird sich rückwärts bewegen, und die Tretkurbel wird sich im Uhrzeigersinn drehen! Wenn wir uns die Zeichnung ansehen, bemerken wir die folgende Beziehung: Das resultierende Drehmoment, das auf die Tretkurbel wirkt, ist null – das heißt, $T r_2 - F r_1 = 0$, wobei T die Spannung in der Kette und F die angewandte Kraft ist. Die resultierenden Drehmomente, die auf das Hinterrad wirken, sind ebenfalls null – das heißt, $T r_3 - S r_4 = 0$, wobei

S die vom Boden auf das Hinterrad ausgeübte Vorwärts-kraft ist. Nach dem zweiten Newton'schen Axiom müsste eine Beschleunigung in der Richtung der Nettokraft erfolgen. Wenn $S > F$, ist die Nettokraft vorwärts gerichtet, also erfolgt die Beschleunigung vorwärts.

Wenn wir die beiden Gleichungen miteinander verbinden und nach S auflösen, erhalten wir: $S = T \, r_3/r_4 = F \, r_1 \, r_3/(r_2 \, r_4)$. Wie die Zeichnung zeigt, ist $r_1 < r_4$ und $r_3 < r_2$ bei jedem normalen Fahrrad, also ist $S < F$. Eine Nettokraft $F - S$ wirkt rückwärts auf den Fahrradrahmen. Das Fahrrad wird rückwärts beschleunigen, wobei sich die Räder und die Tretkurbel im Uhrzeigersinn drehen.

*85. Um die Ecke biegen

Wenn Sie auf einem Fahrrad um eine Ecke biegen müssen, könnte die Krümmung des Wegs genügend Zentrifugalkraft erzeugen, sodass Sie zur Außenseite der Kurve hin umfallen. Um dem entgegenzuwirken, legen Sie sich in die Kurve, sodass die von der Schwerkraft und der Zentrifugalkraft erzeugte resultierende Kraft in der Kippebene des Fahrrads liegt. Um die erforderliche Neigung zu bekommen, drücken Sie das Vorderrad unbewusst zur Außenseite der Kurve hinüber. Die daraus resultierende Zentrifugalkraft kippt Sie sofort in die Kurve hinein. Um aus der Kurve herauszukommen, drehen Sie noch schärfer in die Kurve hinein und durch diese Aktion richtet sich das Rad wieder auf. In dem Augenblick, da Sie wieder aufrecht sind, stellen Sie einfach das Vorderrad gerade und fahren erneut geradeaus weiter.

Überdies gibt es noch einen Effekt, den James Starley, der Erfinder des Hochrads, 1885 durch die Verwendung der gebogenen Gabel, die eine wesentliche Rolle für die Stabilität des Fahrrads in der Kurve spielt, eingeführt hat. Das Ergebnis ist ein Drehmoment, das das Vorderrad in die Richtung der Kurve dreht, und aufgrund dieses Effekts können wir »freihändig« fahren.

Aber während die gebogene Gabel das Vorderrad in die Kurve dreht, müssen wir uns fragen, welcher Effekt verhindert, dass das Vorderrad einen zu großen Winkel zur Längsachse des Fahrrads bildet. Genau das verhindern die Nachlaufkräfte. Das Prinzip ist einfach: Ein Rad, das eine Last trägt, wird ohne weiteres in die Richtung rollen, in die es zeigt. Allerdings wird das Rad blockieren, wenn man versucht, es seitwärts rutschen zu lassen. Was lässt sich dagegen tun? Ganz einfach: Man setzt die Radachse ein wenig hinter die Schwenkachse. Die große Kraft der Gleitreibung wird das Rad bald in der Bewegungsrichtung ausrichten. Ähnlich verhält sich das Fahrrad. Der Fahrer und das übrige Fahrrad drehen sich hinter dem Vorderrad, das die Bewegungsrichtung vorgibt. Der Radfahrer hat jedoch den Eindruck, als bewirke das Vorderrad das Ausrichten des Fahrrads.

*86. Rennfahrer

Natürlich bremst der Fahrer ab, bevor er um die Kurve fährt, sodass das Auto nicht von der Straße fliegt, wenn der Fahrer in der Kurve beschleunigt. Sein Ziel ist es, die höhere Ausgangsgeschwindigkeit in der Geraden zu haben.

Wenn ein Auto mit Vorderradantrieb in der Kurve beschleunigt, erhalten die Vorderräder einen zusätzlichen Schub (in der Zeichnung S. 146 die Kraft F). Wenn man diese zusätzliche Kraft F in ihre Komponenten im Hinblick

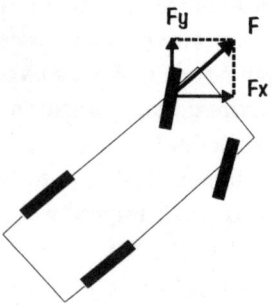

auf die Vorwärts- und Seitwärtsrichtungen des Autos auflöst, sieht man, wie F_x das Auto vorwärts aus der Kurve
und F_y seitwärts in die Kurve schiebt. Wenn eine dieser
Kraftkomponenten den Maximalwert der Haftreibungskraft zwischen den Reifen und der Fahrbahn überschreitet,
wird das Auto ins Schleudern geraten.

*87. Die Sperrmauer

Die kinetische Energie des Autos muss auf null gehen,
damit das Auto angehalten werden kann, bevor es gegen
die Mauer prallt. Wenn der Anhalteweg x kürzer als die
Strecke d bis zur Mauer ist, kommt es nicht zur Kollision.
Wenn Sie direkt auf die Mauer zusteuern und bremsen,
lässt sich die »geleistete Arbeit« der Haftreibungskraft F
(kein Rutschen), die über den Anhalteweg x wirksam ist,
aus $mv^2/2 - Fx = 0$ ermitteln. Daraus ergibt sich der Anhalteweg $x = mv^2/2F$.
Wenn das Auto nicht schleudert, wirkt bei der kreisförmigen Kurve ohne Bremsung die Zentrifugalkraft so, dass
$F - mv^2/R = 0$ oder $R = mv^2/F$. Solange x oder R kürzer
als d – die Strecke bis zur Mauer – ist, wird das Auto nicht

gegen die Mauer prallen. Man erkennt sofort, dass bei einer gleich großen Haftreibungskraft F der Anhalteweg x gleich $R/2$ ist. Also ist es besser, wenn Sie bremsen, während Sie direkt auf die Mauer zufahren!

Sportlich

88. Starke Frauen

Wahr. Zahlreiche Studien haben ergeben, dass Frauen pro Kilogramm Körpergewicht sogar etwas stärker als Männer sind. Diese Ergebnisse gehen davon aus, dass eine Frau nicht so viel Muskelmasse besitzen muss, um in der gleichen Sportart die gleiche Leistung wie ein Mann zu bringen. Außerdem nutzen Sportler normalerweise nicht mehr als 20 Prozent ihres Muskelpotentials. Daher dürfte es nicht weiter überraschen, dass manche vierzehnjährige Mädchen heutzutage schneller schwimmen als Johnny Weissmüller bei den Olympischen Spielen von 1924. Frauen können erhebliche Kraft durch Gewichtstraining entwickeln, ohne dadurch Muskelpakete zu bilden. Wenn der Mann stärker ist, dann deshalb, weil er einfach mehr Muskelgewebe als die Frau hat. Der weibliche Körper hat im Allgemeinen mehr Körperfett in Bezug auf das Gewicht, etwa 25 Prozent, während der Körper des Mannes bei der gleichen Gesamtkonstitution etwa 15 Prozent Körperfett aufweist.

89. In der Luft stehen

Dieses In-der-Luft-Stehen ist eine optische Täuschung, die sich physikalisch leicht erklären lässt. Wenn der Körper den Scheitelpunkt des Sprungs erreicht, ist die vertikale Geschwindigkeit sehr gering, sodass sich der Körper nicht sehr weit bewegt. Berechnungen ergeben, dass der Springer die Hälfte der Zeit in der Luft im letzten Viertel der Sprungbahn verbringt. Die tatsächliche Zeit, die er »in der Luft steht«, ist kürzer als eine Sekunde, aber die langsamere Bewegung suggeriert unserem Auge-Hirn-System, dass es länger dauert!

90. Gute Laufschuhe

Läufer brauchen für maximale Laufergebnisse gute Schuhe. Der gute Laufschuh hat zwei Hauptfunktionen: Er sorgt für Reibung mit dem Boden, um ein Rutschen nach vorn oder hinten zu verhindern, und er bietet zusätzliche Elastizität, wobei der Schuh im Idealfall als Verlängerung der Achillessehne wirkt. Wird eine dieser Funktionen nicht gut erfüllt, dann bewegt ein Teil der Energie des Läufers die Beine und den Körper nicht in der gewünschten Weise – oder umgangssprachlich gesagt: dann wird Energie verschwendet.

Wenn der vordere Fuß auf den Boden setzt, werden gute Schuhe nicht nur während des gewünschten längeren Zeitintervalls komprimiert, sondern sie können auch während der gewünschten Erholungszeit wieder in ihre Form zurückspringen. Das Timing, die Menge der Kompression und der Ort der Kompression sind lauter wichtige Parameter, die ein optimales Schuhdesign erschweren. So erfordern beispielsweise unterschiedliche Laufstrecken spezielle technische Verbesserungen. Ein Sprinter läuft meist auf den Fußballen, sodass dort eine stärkere Polsterung benötigt wird als an den Fersen oder in der Mitte des

Fußes. Mittelstreckler belasten eher den Mittelfuß bis zu den Zehen (oder rollen weniger effizient von der Ferse zu den Zehen ab), und das erfordert mehr Elastizität von der Ferse bis zum Mittelfuß. Das Schuhdesign ist zwar besser geworden, aber es gibt noch genügend Möglichkeiten für weitere Verbesserungen.

91. Sprints

Chemische Energie wird in den Muskelzellen durch zwei Mechanismen zur Verfügung gestellt: aerob (mit Sauerstoff) und anaerob (ohne Sauerstoff). Bei Sprints unter zehn Sekunden reicht die Zeit nicht aus, dass der *während des Rennens* eingeatmete Sauerstoff in chemische Energie für die Muskeln umgewandelt wird. Dagegen trägt der schon vor dem 100-Meter-Lauf eingeatmete Sauerstoff zum Gesamtenergiebedarf bei, der etwa zu 7 Prozent aerob und zu 93 Prozent anaerob ist.

92. Die Strategie bei Langstreckenläufen

Die Läufer vermeiden eine übermäßige Belastung während der Anfangsphasen des Laufs, damit die Bildung von Milchsäure in den Muskeln, einem Produkt des glykolytischen anaeroben Mechanismus, bis zur Schlussphase des Laufs hinausgezögert wird. Zu viel Milchsäure in der Muskulatur blockiert die Energieerzeugung und führt zu unerträglichen Schmerzen.

93. Wie sich die Höhenlage auf Hochsprungrekorde auswirkt

Die Schwankungen von g werden bei der Anerkennung von Weltrekorden im Hoch- und Weitsprung vor allem deshalb ignoriert, weil andere Parameter eine viel wichtigere Rolle spielen. Eine kleine Brise innerhalb des zulässigen Limits von 2 Meter pro Sekunde, der Zustand des Bodens beim Anlauf, die Temperatur und die Luftfeuchtigkeit, die Luftdichte oder die Biegung der Latte – all diese Faktoren können innerhalb gewisser Werte schwanken und haben einen großen Einfluss auf die Leistung des Sportlers.

Selbst ein so extremer Unterschied bei g wie zum Beispiel zwischen den Olympiastadien von Mexico City und Moskau ist sehr gering (etwa 0,4 Prozent), während der Unterschied bei der Luftdichte immerhin 22,2 Prozent beträgt. Beim Hochsprung ergeben diese beiden Effekte einen Unterschied von 3 Millimetern, und das ist im Vergleich zum nächsten Zentimeter, bei dem die Hochsprunghöhe gemessen wird, nicht von Bedeutung. Beim Weitsprung allerdings beträgt der Unterschied beinahe 5 Zentimeter, der jeweils etwa zur Hälfte auf den geringeren Wert von g und auf den geringeren Luftwiderstand in Mexico City zurückzuführen ist. (Selbst nach einer entsprechenden Korrektur wäre Bob Beamons Weitsprungrekord von 1968 in Mexico City ein Weltrekord geblieben, der erst 1991 von Mike Powell aus den USA überboten wurde. Powell sprang in Tokio, also fast auf Meereshöhe, 8,96 Meter weit.)

94. Hochspringer als Schlangenmenschen

Größere Höhen können Hochspringer nur mit Hilfe der Technik des Fosbury-Flops meistern. Selbst die besten

Sportler vermögen ihren Schwerpunkt nur um etwa 80 Zentimeter nach oben anzuheben. Wenn sich der Schwerpunkt des Hochspringers bei 1,1 Meter über dem Boden befindet, beträgt die größte Höhe, die er erreichen kann, 1,1 m + 0,8 m = 1,9 m. Bei einem Sprung über 2,40 m wandert der Schwerpunkt des Springers also einen halben Meter unter der Latte hindurch! Der Schwerpunkt des Springers liegt somit unterhalb des Körpers, wenn er sich à la Fosbury verdreht.

95. Stabhochspringer

Zunächst einmal sollte man auf jeden Fall den besten Stab haben (das heißt den mit der größten Elastizität), sodass die während der anfänglichen Biegung in den Stab übertragene Energie wieder mehr in das Heben des Springers und der Stange während des Sprungs zurückübertragen werden kann. Aber wie lang sollte der Stab sein? Das ist die entscheidende Frage. Ein längerer Stab hat mehr Gewicht, und daraus resultiert eine langsamere Geschwindigkeit kurz vor dem Einstechen des Stabs. Die Geschwindigkeit im Quadrat ist proportional der kinetischen Energie des Stabhochspringersystems, wenn es sich der Sprunganlage nähert – eine geringere Geschwindigkeit erzeugt also ein geringeres Biegen des Stabs, und weniger Energie kann dann wieder in das Heben durch den Stab übertragen werden.

Diese Einschränkung wird noch dadurch verstärkt, dass die horizontale Vorwärtsbewegung des Springers in der Nähe des Sprungscheitelpunkts in der Lage sein muss, den Körper horizontal über die Latte zu heben. Ist der Stab länger und wird der Griff weiter hinten als vorher angesetzt, muss die Anlaufgeschwindigkeit groß genug sein, dass sich der Stab hinreichend biegt, um den Springer während der Streckung mit dem richtigen Timing horizontal über die Latte zu katapultieren. Wenn die Anlaufgeschwindigkeit nicht ausreicht, wird sich der Springer nicht über das Ende des Stabs im Einstichkasten hinaus vorwärtsbewegen, während sich der Stab wieder streckt. Jeder Stabhochspringer versucht seine Sprunghöhe durch eine Verbesserung der Technik zu maximieren – nämlich durch eine Kombination von Anlaufgeschwindigkeit, Griffposition, Veränderungen der Körperhaltung und Stabauswahl.

96. Basketball

Wenn der Ball durchs Netz rutscht, ohne den Korbrand zu berühren, dann trägt die Backspintechnik nur zur Genauigkeit des Wurfs hinsichtlich seiner Distanz und seines Eintrittswinkels bei. Am vorteilhaftesten ist der Backspin, wenn der Ball nicht einfach durchs Netz rutscht, sondern vom Brett abprallt. Und wenn der Basketball den Korbrand trifft, wird ein Backspin eine minimale Translationsdistanz erzeugen, sodass der Ball weniger weit nach vorn springt. Die physikalische Analyse ergibt, dass ein Ball mit Backspin stets eine größere Abnahme an Translationsenergie und an Gesamtenergie erfährt als ein Ball mit Vorwärtsspin. Daher wirkt der Wurf »weicher«, und der Ball fällt eher in den Korb, nachdem er den Rand berührt hat.

97. Unmögliches Kunststück?

Um sich auf die Zehenspitzen zu erheben, müssen Sie Ihr Gewicht nach vorn verlagern, aber die Türkante verhindert, dass Sie sich weiter vorwärtsbewegen. Es gibt eine

Möglichkeit, dieses Kunststück zu schaffen, doch dazu sind zusätzliche Objekte erforderlich. Nehmen Sie in jede Hand einen schweren Gegenstand (zum Beispiel ein Buch), stellen Sie sich an die Türkante und schwingen Sie die Arme vorwärts – jetzt können Sie sich auf die Zehenspitzen stellen.

98. Der Effetball

Richtig geworfen, kurvt der von einem rechtshändigen Pitcher geworfene Effetball meist nach unten, zusätzlich bewegt er sich noch ein wenig nach links, also vom rechtshändigen Hitter weg. Beim linkshändigen Pitcher fliegt der Effetball nach unten und nach rechts. Der Pitcher gibt dem Ball einen Topspin mit, und zwar mit Drehmomentkomponenten in zwei Richtungen: einem Spin um die horizontale Achse, sodass sich der Ball über die Oberseite von hinten nach vorn dreht, und einem geringen Spin um die vertikale Achse, bei dem sich der Ball von oben gesehen gegen den Uhrzeigersinn dreht. In den meisten Fällen wird auch noch etwas Spin um die andere horizontale Achse vermittelt.

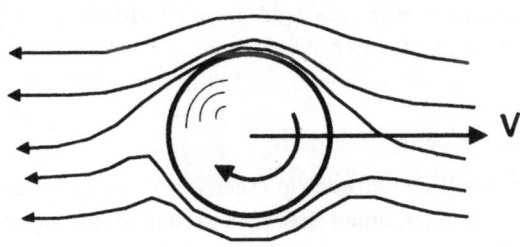

Die allein durch den Spin erzeugte Kurvenbahn lässt sich mit dem Magnus-Effekt erklären, einer Anwendung des Bernoulli-Prinzips. Der sich drehende Baseball bewirkt, dass sich eine ganz dünne Luftschicht, die so genannte Grenzschicht, neben seiner Oberfläche mit der Ballrotation dreht. Der durch die Luft fliegende, sich drehende Ball beeinflusst die Art und Weise, wie die allgemeine Luftströmung von der Oberfläche an der Rückseite abreißt und ihrerseits das allgemeine Strömungsfeld um den Ball beeinflusst. Folglich tritt der Magnus-Effekt auf, wenn die Strömung auf der Seite, die mit dem Wind fliegt, weiter um die gekrümmte Oberfläche herumreicht als auf der Seite, die im selben Zeitintervall gegen den Wind fliegt. Die Luftströmung an der Oberseite des Baseballs ist ein wenig langsamer, an der Unterseite ein wenig schneller. Nach dem Bernoulli-Prinzip wird eine Nettokraft nach unten wirken, und darauf reagiert der Ball. Der Spin um die vertikale Achse erzeugt einen geringeren Druck auf der linken als auf der rechten Seite, sodass sich der Ball nach links bewegt, weg vom rechtshändigen Hitter. Bei Geschwindigkeiten von bis zu 45 Meter pro Sekunde (etwa 160 Kilometer pro Stunde) und einem Spin von bis zu 1800 Umdrehungen pro Minute ist die laterale Ablenkung direkt proportional dem Spin und dem Quadrat der Windgeschwindigkeit.

99. Unter Wasser atmen

Wegen des Wasserdrucks in einer Tiefe von 2 Metern kann man nicht durch einen Schlauch atmen. Selbst ein muskulöser Mensch hätte größte Mühe, auf diese Weise zu atmen. Die überwältigenden Kräfte werden vom hydrostatischen

Druck erzeugt, den man oft vergisst, bis man ihn unter Wasser plötzlich erlebt.

100. Tricks beim Wasserspringen

Es ist nicht nötig, dass die Springerin schon mit den Schrauben *und* mit den Salti beginnt, bevor sie das Brett verlässt. Was sie braucht, ist ein gewisser Drehimpuls um die Körperachse, der nicht null ist, bevor sie mit der zweiten Drehform beginnt. Typischerweise gibt es eine kleine Vorwärtsdrehung, wenn die Springerin das Brett verlässt, wobei der Vektor der Winkelgeschwindigkeit parallel zum Vektor des Drehimpulses verläuft. Die Springerin kann die Drehung beschleunigen, indem sie in die Hocke geht, sodass die beiden Vektoren parallel bleiben. Oder sie kann eine Schraubendrehung einleiten, indem sie einen Arm über den Kopf und den anderen nach unten bewegt, quer über den Körper. In diesem Fall wird der Körper leicht aus der Senkrechten gekippt, damit der Vektor des Gesamtdrehimpulses aus beiden Drehungen mit dem Ausgangswert und der Ausgangsrichtung identisch bleibt, da kein äußeres Drehmoment angewandt wird. Beachten Sie, dass nun die Vektoren des Drehimpulses und der Winkelgeschwindigkeit nicht mehr parallel sind – das beruht auf ungleichen Trägheitsmomenten um zwei senkrecht zueinander stehende Körperachsen sowie auf der Tatsache, dass sich die Trägheitsmomente verändern lassen.

101. Die geschickte Katze

Die Skizzen geben Momentaufnahmen aus einem Film in Abständen von etwa 1/20 Sekunde wieder – acht aufeinanderfolgende Positionen einer Katze während des Falls.

Das Verhalten der Katze lässt sich verstehen, wenn man sich vorstellt, dass sie aus zwei Hälften besteht, einer vorderen und einer hinteren Hälfte. Die Skizzen zeigen, dass die vordere Hälfte der Katze zuerst ausgerichtet wird. Nachdem die Katze zunächst ihre Vorderpfoten eingezogen hat, um das Trägheitsmoment um die Längsachse für die vordere Hälfte zu verringern, streckt sie ihre Hinterläufe, um das Trägheitsmoment um die Körperachse für die hintere Hälfte zu erhöhen. Dann dreht die Katze die vordere Hälfte um mindestens 180 Grad, während sich die hintere Hälfte in der entgegengesetzten Richtung um einen viel kleineren Winkel dreht.

Sobald die vordere Hälfte ausgerichtet ist, werden die Hüften herumgeschwenkt, indem die Katze die Hinterläufe einzieht und die Vorderpfoten streckt – im Gegensatz also zur ersten Phase. Nun erfolgt die Drehung der hinteren Hälfte, während sich die vordere Hälfte ein wenig zurückdreht. Eine kräftige Drehung mit dem Schwanz ist zwar hilfreich, aber selbst schwanzlose Katzen können sich vor der Landung ausrichten.

102. Die akrobatische Astronautin

Ja. Genau wie die Wasserspringerin und die Katze kann auch eine Astronautin eine Drehung um jede beliebige Achse einleiten. Allerdings muss der Körper eine gewisse Bewegung aufweisen – etwa eine Bewegung des Oberkörpers in Relation zur Bewegung der Beine. Man zieht die Beine an und streckt sie wieder, um sich um eine Saltoachse zu drehen, und schwenkt die Hüften, um sich um eine Torsionsachse zu drehen.

103. Das Gefühl beim Golfschlag

Ja und nein, denn der Ball hat ja den Schlägerkopf bereits verlassen, bevor das Hand-Hirn-System den Schlag spürt! Wie viel Zeit die Schallwelle benötigt, um am Schlägerschaft hochzulaufen, lässt sich berechnen: Nehmen wir an, die Strecke beträgt einen Meter und die Geschwindigkeit 5 km/h, dann erhalten wir eine Verzögerung von 0,0002 Sekunden. Aber die Empfindung muss ja noch zum Gehirn gehen, um »gefühlt« zu werden, sodass es eine zusätzliche Verzögerung zwischen 15 und 20 Millisekunden gibt. Die Kontaktzeit des Golfballs ist normalerweise kürzer als 10 Millisekunden, sodass man den Schlag erst fühlt, *nachdem* der Ball den Schlägerkopf bereits verlassen hat.

104. »Skifahrer, beugt euch vor!«

Der Skifahrer sollte seinen Körper nach der lokalen Richtung »hinauf« ausrichten. Wäre der Schnee reibungslos, dann läge diese Richtung »hinauf« senkrecht zum Hang. Wenn der Skifahrer, der auf dem reibungslosen Schnee abwärts beschleunigt, zufällig ein einfaches Senkblei an einer Schnur hielte, befände sich die Ruheposition der Schnur senkrecht zum Hang. Wenn der Skifahrer versucht, vertikal zu bleiben – das heißt parallel zu den Bäumen –, werden die Skier unter ihm davonrutschen.

Wenn der Fahrtwindeffekt mit zunehmender Geschwindigkeit größer wird, sollte sich der Skifahrer noch mehr vorbeugen, damit er nicht umgeweht wird.

105. Skischwung mit Antizipation

Nehmen wir an, der Skifahrer fährt in einen Hangabschnitt, wo sich die Neigung der Skipiste abrupt ändert, etwa um 5 Grad. Ohne die »Vorspring-Technik« wird der Skifahrer den Boden etwa 1/2 Sekunde lang verlassen und beim Aufprall eine vertikale Kraft an seinen Beinen spüren, die ein Mehrfaches seines Körpergewichts beträgt. Eine derart große Aufprallkraft könnte seine Stabilität beeinträchtigen.

Ein antizipierendes Springen minimiert die Wucht der Landekraft, indem der Skifahrer versucht, mit den Skiern sofort zu Beginn des steileren Hangs und parallel zum Hang zu landen. Wenn der Skifahrer die Skier vom Schnee in der richtigen Entfernung zum steileren Hang hebt, beginnt sein Körper zu fallen, und die Skier können fast unmittelbar darauf Kontakt zum steileren Hang bekommen, und zwar mit einer viel kleineren Aufprallkraft nach der Landung. Natürlich muss der Skifahrer auch lernen, die Skispitzen um einen kleinen Winkel nach unten zu drehen, damit die Skier parallel zum Hang landen.

106. Fahrradfahren

Eine detaillierte Untersuchung der Körperbewegung beim Laufen und beim Fahrradfahren kann ziemlich kompliziert werden. Also probieren wir es mit einer einigermaßen groben Annäherung, die die wesentlichen Faktoren enthält: Wir nehmen an, dass die Beine in beiden Fällen identische Bewegungen erfahren. (Eigentlich würde man erwarten, dass sich die Beine des Radfahrers weniger bewegen, um die gleiche Strecke zurückzulegen.) Während des Laufens bewegen sich die Beine auf und ab, und auch der Oberkörper bewegt sich auf und ab. Während des Radfahrens hingegen bleibt der Oberkörper vertikal fixiert, aber die Beine bewegen sich auf und ab, vergleichbar den Beinbewegungen des Läufers. Der Läufer muss zusätzliche Arbeit verrichten, um den Oberkörper vertikal zu bewegen. Quod erat demonstrandum!

Die zusätzliche Schweißabsonderung und Erwärmung während des Laufens erinnern uns daran, dass auch das physiologische System die Gesetze der Physik kennt. Anhand des Sauerstoffverbrauchs haben Sportphysiologen errechnet, dass der Energiebedarf eines 700 Newton ausübenden (71,35 Kilogramm schweren) Menschen ungefähr 260 Kilojoule pro Laufkilometer beträgt, während der Energiebedarf beim Fahrradfahren erheblich geringer ist.

107. Zugvögel

Ja. Jeder Vogel, der mit seinen Flügeln auf die Luft unter ihm drückt, erzeugt einen Aufwind um sich herum. Wenn sich andere Vögel dicht beieinander halten, können sie diese Aufwinde nutzen, um sich selbst in der Luft zu halten. Nur der führende Vogel hat nichts von diesem Aufwind. Berechnungen haben ergeben, dass eine Schar von 25 Vögeln in der V-Formation etwa 70 Prozent weiter fliegen kann als ein Vogel allein.

108. Tödliche Oberflächenspannung

Ein Mensch, der gerade aus der Badewanne oder der Dusche kommt, kann einen dünnen Wasserfilm an sich haben, der eine Masse von ungefähr 0,5 Kilogramm hat. Eine nasse Maus würde etwa ihr eigenes Gewicht in Form von Wasser an sich tragen! Eine nasse Fliege würde ein Vielfaches ihres eigenen Gewichts in Wasser tragen, und sobald sie vom Wasser durchnässt ist, droht sie dies zu bleiben, bis sie ertrinkt. Diese Folgen sind das Ergebnis des Verhältnisses der Oberfläche zum Volumen, und dieses Verhältnis ist bei kleinen Insekten sehr groß, bei großen Tieren dagegen sehr klein.

*109. Laufgeschwindigkeiten von Tieren

Die Kraft, die ein Tier entwickelt, ist proportional zur Querschnittsfläche seiner Muskeln, also zu L^2, wenn L die lineare Größe des Tieres ist. In der Ebene wird hauptsächlich Kraft benötigt, um den Luftwiderstand zu überwinden. Der Luftwiderstand ist proportional zum Quadrat der Laufgeschwindigkeit v^2 und zur Querschnittsfläche L^2

des Tieres. Also gilt: $F_{\text{Tier}} \propto L^2$ und $F_{\text{Luft}} \propto L^2 v^2$. Die dafür benötigte Leistung $P_{\text{Luft}} \propto L^2 v^3$ ist also wieder proportional zur Querschnittsfläche L^2, genau wie die vom Tier entwickelte Kraft. Daraus erkennt man, dass die erreichbare Geschwindigkeit v nicht von der Größe L des Tieres abhängt.

Läuft das Tier bergauf, ist seine Geschwindigkeit geringer und die Kraft des Luftwiderstands ist kleiner. Dafür muss das Tier nun zusätzlich Arbeit leisten, weil es seine potentielle Energie im Schwerefeld der Erde erhöht. Je schneller dies geschieht, um so größer ist die dafür erforderliche Leistung $P_{\text{Gravi}} \propto mgv$. Dabei ist m die Masse des Tiers. Die ist aber proportional zu seinem Volumen V und dieses wiederum ist proportional zu L^3. Für diesen Fall ergibt sich somit $v \propto 1/L$. Kleinere Tiere können also bergauf schneller laufen als größere.

*110. Energieumsatz von Organismen

Eigentlich würde man erwarten, dass der Energiebedarf mit der ersten Potenz der Körpermasse zunehmen müsste, aber empirisch ergibt sich ein Verhältnis zur Körpermasse hoch 3/4. Also muss dies damit zu erklären sein, wie sich die benötigte Energie innerhalb des Körpers verteilt. Wenn die folgenden drei Bedingungen erfüllt werden, lassen die Kapillaren und die Arterien des Blutkreislaufs das Herz nicht mehr als nötig arbeiten, um das Blut im Körper zu verteilen.

1. Damit das Verteilungssystem jeden Teil eines Organismus erreicht, muss es ein sich verzweigendes, fraktalartiges Netzwerk darstellen, das den ganzen Körper durchzieht.

2. Die abschließenden Zweige dieses Netzwerks haben in allen Organismen die gleiche Größe.
3. Die Evolution hat die Netzwerke so abgestimmt, dass eine minimale Energie erforderlich ist, um Blut, Nährstoffe usw. zu verteilen.

Auch mehrere weitere feststehende Energiegesetze für andere biologische Eigenschaften richten sich nach diesem Modell, wie zum Beispiel die langsamere Atmung bei größeren Tieren – hier ergibt sich empirisch, dass die Atemgeschwindigkeit umgekehrt proportional zur Körpermasse hoch 3/4 ist.

*111. Der »Sweet Spot« beim Tennisschläger

Tatsächlich gibt es drei »Sweet Spots« auf der Schlagfläche eines Tennisschlägers, und jeder beruht auf einem anderen physikalischen Prinzip. Wenn der Ball auf irgendeinem der »Sweet Spots« auftrifft, hat man aus verschiedenen Gründen ein gutes Schlaggefühl. Bislang ist es noch niemandem gelungen, einen Tennisschläger zu bauen, bei dem sich alle drei »Sweet Spots« an derselben Stelle befinden, auch wenn sie bei manchen größeren Schlägern schon sehr nahe beieinander liegen.

Der erste »Sweet Spot« befindet sich am Knoten der ersten Schwingungsharmonischen. Wenn der Ball den Schläger trifft, beträgt die Grundschwingung etwa 30 Hertz, und ihre Harmonischen werden angeregt. Die erste Harmonische hat etwa 150 Hertz, und ihr Knoten liegt auf der Mittelachse etwas über dem Mittelpunkt der Bespannung. Wenn der Ball diesen Knoten trifft, spürt der Spieler, wie die Schwingung erheblich abnimmt.

Der zweite »Sweet Spot« befindet sich im Stoßmittelpunkt, und wenn der Ball hier auftrifft, wird er den Schläger nicht zu drehen versuchen. Der Spieler verspürt an der Hand keine Torsionskraft. Dieser »Torsions-Sweet-Spot« liegt etwa 5 Zentimeter unter dem Mittelpunkt der Bespannung. Der dritte »Sweet Spot« ist der so genannte Punkt des maximalen Rückkehrkoeffizienten (COR). Ein Tennisball, der hier auftrifft, bewahrt mehr von seiner kinetischen Ausgangsenergie. Eine härtere Bespannung bewirkt eine stärkere Verformung des Balls beim Aufprall, sodass er nach der Kollision weniger kinetische Energie besitzt. Eine Möglichkeit, den COR eines Schlägers zu vergrößern, besteht darin, dass man ihn weicher bespannt. Der Punkt des maximalen COR befindet sich etwa 2,5 Zentimeter über dem unteren Rand der Bespannung.

*112. Golfballdellen

Die Dellen spielen eine zweifache Rolle. Sie bewirken, dass der Luftwiderstand bei Geschwindigkeiten über ungefähr 25 Meter pro Sekunde plötzlich abnimmt und nur noch etwa halb so groß ist wie bei einer glatten Kugel. Außerdem beeinflussen die Dellen direkt den aerodynamischen Auftrieb. Es gibt verschiedene Dellenmuster, und einige der neuesten Patente haben zwei Größen von Dellen, die über 79 Prozent der Oberfläche bedecken.

Während also raue Golfbälle paradoxerweise weniger Luftwiderstand erfahren, dienen die Dellen in erster Linie dazu, die auf den Ball wirkende Auftriebskraft bei Unterspin zu erhöhen. Wie kann eine raue Oberfläche den Luftwiderstand reduzieren? Bei geringen Geschwindigkeiten ist dies nicht der Fall, aber bei einem kräftigen Drive fliegt ein Golfball mit 250 km/h. Ein Ball, der durch die Luft fliegt, wird von einer dünnen Grenzschicht umhüllt. Wenn der Ball glatt ist, ist die Grenzschicht laminar – das heißt, sie mischt sich nicht mit den darunter liegenden Schichten. Die Hauptströmung reißt vom Ball ab und erzeugt eine Rückstromregion und große Wirbel an der Abrissstelle. Wenn der Ball aber rau ist, muss die Luft in der Grenzschicht über die Hügel und Täler streichen. Die Strömung wird turbulent, das heißt, es kommt zu starker Durchmischung und Impulsaustausch. Infolgedessen vermag die Hochgeschwindigkeitsluft, die außerhalb der Grenzschicht strömt, der Niedergeschwindigkeitsluft im Innern der Grenzschicht einen Impuls zu vermitteln. Mit dessen Hilfe kann die turbulente Grenzschicht weiter als die laminare Grenzschicht gegen den zunehmenden Druck fließen. Die Hauptströmung bleibt mit dem Ball verbunden, sodass der Niederdruckwirbelbereich auf der Abrissseite viel kleiner als im laminaren Fall ist. Außerdem ist der Druck auf der Abrissseite nicht so niedrig. Somit wird das Ungleichgewicht der Kräfte zwischen der Abrissseite und der Anströmungsseite des Balls reduziert. Das heißt, der Formwiderstand ist geringer.

Die Dellen erzeugen auch Auftrieb. Der Ball kann eine Drehbewegung nur einer dünnen Luftschicht vermitteln. Außerdem reicht die laminare Grenzschicht nicht um den ganzen Ball herum, sondern sie trennt sich früher von der Seite, die sich gegen den relativen Wind dreht, also von der unteren Seite des Golfballs. Eine turbulente Grenzschicht kann viel besser als eine laminare Grenzschicht einen Impuls mit dem relativen Wind austauschen. Infolgedessen entsteht ein Auftrieb.

Insel im Kosmos

113. Kaltes Badevergnügen

Dass das Wasser an der kalifornischen Küste kälter ist, liegt an der Coriolis-Kraft, die alles, was sich auf der Nordhalbkugel bewegt, nach rechts, bezogen auf die Bewegungsrichtung, ablenkt. Die vorherrschenden Winde, die das Wasser an die Küste von Kalifornien treiben, kommen aus Nordwesten, sodass die Coriolis-Kraft also das Wasser von der Küste weg nach Südwesten transportiert. Das sich ergebende Defizit wird von kaltem Wasser ausgeglichen, das aus über hundert Meter Tiefe aufsteigt und entlang der Küste einen Streifen von kühlem Wasser bildet. Außerdem fließt der kalte kalifornische Strom von Norden herab und lässt die Temperatur der Küstengewässer noch weiter sinken.

114. Wellen am Strand

Der küstennahe Teil jeder Welle bewegt sich in seichterem Wasser, wo die Reibung des Bodens die Welle verlangsamt. Damit bewegt sich der küstennahe Teil langsamer als der Teil der Welle in tieferem Wasser. Das führt dazu, dass die Wellenfront tendiert, parallel zur Küstenlinie zu verlaufen. Außerdem hat dieser Prozess den Effekt, dass sich die Wellenenergie gegen Landspitzen konzentriert – eine moderne Abwandlung der alten Seemannsweisheit: »Die Spitzen ziehen die Wellen an.«

115. Meeresfarben

Der Reflexionskoeffizient von Licht, das von der Wasseroberfläche reflektiert wird, nimmt ab, wenn der Einfallwinkel (gemessen in Bezug auf die Senkrechte) kleiner wird. Wenn Sie gerade nach unten schauen, empfangen Sie Strahlen, die in sehr kleinen Winkeln reflektiert werden. Die von der Wasseroberfläche nahe dem Horizont reflektierten Strahlen haben größere Einfallswinkel in Bezug auf die Senkrechte, und daher werden weniger Strahlen vom Wasser absorbiert.

116. Die Stabilität eines Schiffes

Stabil ist ein Schiff, das sich wieder aufrichten kann, wenn es krängt (sich auf die Seite legt). Aus der Zeichnung geht hervor, dass sich der Verdrängungsschwerpunkt B des Schiffes in Richtung der Krängung bewegen muss, sodass sich sein Auftriebsschub (und sein gegen den Uhrzeigersinn gerichtetes Drehmoment) mit der im Schwerpunkt G des Schiffes ansetzenden Abwärtskraft verbinden kann. Erst dann kann das Schiff sich aufrichten. Die Stabilität des Schiffes bemisst sich anhand der Strecke GM zwischen G und dem so genannten Metazentrum M, einem Punkt an der Schnittstelle der Mittellinie des Rumpfes mit einer Senkrechten durch B. Stabil ist ein durchschnittliches voll beladenes Handelsschiff, wenn die Strecke GM etwa 5 Prozent der größten Schiffsbreite beträgt.

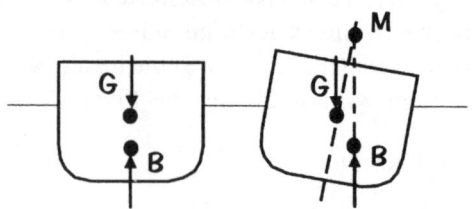

117. Polareis

Die Antarktis ist ein Kontinent. Land ist ein schlechter Wärmespeicher, da es Wärme sogleich wieder abstrahlt, wenn es sie empfängt. (Dieses Verhalten deutet an, warum Winter tief im Landesinneren härter sind.) Das arktische Eis befindet sich über einem Ozean, und Wasser ist bekannt wegen seiner hohen Wärmekapazität – es dauert lange, bis es sich erwärmt, aber sobald es warm ist, verliert es die Wärme nur langsam. Die Arktis speichert die Sommerwärme und lebt im Winter von ihren »Ersparnissen«.

118. Die arktische Sonne

Die Richtung, in die der Beobachter schaute, lässt sich ableiten, wenn man die Situation in zwei anderen Breiten untersucht. Am Nordpol wäre der Sonnenstand tagsüber nahezu konstant. In mittleren Breiten erreicht die Sonne ihren höchsten Stand, wenn sie im Süden steht, und ihren niedrigsten, wenn sie im Osten aufgeht und im Westen untergeht. Wenn wir uns weiter nach Norden bewegen, gehen wir davon aus, dass die Orte, an denen die Sonne auf- und untergeht, ebenfalls weiter nach Norden wandern, bis sie genau nördlich von uns zusammentreffen. Daher schaut der Beobachter nach Norden.
Die Sonne erreicht ihren höchsten Stand, wenn sie genau im Süden steht. Dieser Zeitpunkt ist die lokale Mittagszeit. Der Tiefststand wird somit um die lokale Mitternacht erreicht.

119. Immer im Kreis herum

Dieser Effekt kann an der Coriolis-Kraft liegen, die an den Polen etwa 50 Prozent stärker als in mittleren Breiten ist. Wenn wir gehen, gleichen wir die Coriolis-Kraft leicht und ganz unbewusst aus. Das ist auf nahezu reibungslosem Eis unmöglich. Wäre ein Mensch in der Lage, auf Eis etwa 6,4 km/h schnell zu gehen, wäre er nach einem Kilometer um rund 47 m vom beabsichtigten geraden Weg abgewichen. Gelegentlich hört man Geschichten, dass sogar die Pinguine in der Antarktis in Bögen nach links watscheln. Allerdings können die Autoren die wissenschaftliche Genauigkeit dieser Behauptung nicht garantieren ...

120. Wetterregeln

Sie treffen alle zu!

1. Starker Regen fällt in einer Zone mit niedrigem Luftdruck. Ist Ihr Körper einem geringeren Luftdruck ausgesetzt, dehnen sich die Gase in Ihren Gelenken aus, und das tut weh.
2. Einem Unwetter geht oft feuchte Luft voraus. Frösche müssen ihre Haut feucht halten, und bei feuchter Luft können sie länger außerhalb des Wassers bleiben und länger quaken.
3. Zieht eine Regenfront mit niedrigem Luftdruck in einem Gebiet ein, wird sie oft einen Südwind auslösen, der die Blätter umdreht.
4. Eiskristalle bilden sich in hohen Zirruswolken, die starkem Regen vorausgehen. Diese Kristalle brechen das Licht des Mondes und erzeugen so einen Ring um ihn.
5. Vögel und Fledermäuse reagieren sehr empfindlich auf Luftdruckänderungen. Der niedrige Luftdruck einer Ge-

witterfront würde ihnen Schmerzen bereiten, wenn sie höher flögen, wo der Druck noch niedriger ist.

6. Grillen sind Kaltblüter und zirpen um so mehr, je heißer es wird. Zählen Sie, wie oft eine Grille in 15 Sekunden zirpt, addieren Sie zu dieser Zahl 5 und halbieren Sie das Ergebnis – diese Zahl gibt ungefähr die Temperatur in Celsiusgraden an.

7. Eine Zunahme der Luftfeuchtigkeit bewirkt, dass Taue mehr Feuchtigkeit aus der Luft absorbieren und dabei schrumpfen.

8. Fische tauchen auf, um nach Insekten zu schnappen, die vor einem Gewitter wegen des sinkenden Luftdrucks näher an der Wasseroberfläche fliegen.

9. Ein aufkommender Wind, der oft ein Gewitter ankündigt, erzeugt einen hohen Sington, wenn er über Stromleitungen weht.

121. Windrichtungen

Falsch! Wenn Winde direkt zu Tiefdruckgebieten hinwehen würden, könnten sich keine kräftigen »Hochs« oder »Tiefs« entwickeln, und unser Wetter wäre viel weniger veränderlich, als es tatsächlich ist. Aufgrund der durch die Erddrehung verursachten Coriolis-Kraft dreht ein Wind stattdessen auf der Nordhalbkugel aus jeder Richtung nach rechts. Folglich beginnt sich die gesamte Luftmasse, die zunächst direkt zu einem Tiefdruckgebiet hinströmte, gegen den Uhrzeigersinn zu drehen. Diese Drehung wiederum verhindert, dass sich das Tiefdruckgebiet auffüllt, da der Luftdruckunterschied nun für eine Zentrifugalkraft sorgt, dank derer sich die Winde kreisförmig bewegen. Auf der Südhalbkugel bewirkt die Coriolis-Kraft, dass Winde nach links schwenken, und darum erfolgt die Zirkulation dort im Uhrzeigersinn.

Nahe dem Äquator ist die Coriolis-Kraft null oder sehr gering. In dieser Region werden alle Luftdruckunterschiede, die durch die Erwärmung der Luft am Boden entstehen, rasch ausgeglichen, und darum bezeichnet man den Bereich um den Äquator zu Recht als Kalmenzone. Hurrikane und Taifune bilden sich in Äquatornähe seltener als in 5 Grad nördlicher oder südlicher Breite.

122. Tiefgefroren

Die astronomischen Gründe hängen mit der elliptischen Umlaufbahn der Erde zusammen. Im Perihel, dem sonnennächsten Punkt, ist die Erde $1{,}407 \times 10^8$ Kilometer von der Sonne entfernt, im Aphel, dem sonnenfernsten Punkt, $1{,}521 \times 10^8$ Kilometer. Der Unterschied ist zwar relativ klein, aber nicht zu vernachlässigen. Zum Glück für uns wird auf der Nordhalbkugel das Perihel im Winter am 4. oder 5. Januar erreicht, und diesem Timing verdanken wir es, dass der von der Neigung der Erdachse zur Umlaufebene erzeugte jahreszeitliche Effekt gemäßigt wird.

Das Umgekehrte gilt für die Südhalbkugel, und darum müssten dort eigentlich kältere Winter und heißere Sommer herrschen. Doch die größere Meeresfläche südlich des Äquators wirkt sich mäßigend aus. Die hohe Wärmekapazität von Wasser bedeutet, dass sich das Meer im Sommer langsam erwärmt und im Winter langsam abkühlt. Diese physikalische Eigenschaft sorgt dafür, dass die Sommer auf der Südhalbkugel etwas weniger heiß und die Winter etwas weniger kalt sind, als sie es sein müssten.

123. Wetterfronten

In Bodennähe sind die Regionen mit höherem Luftdruck generell kalt und die Gebiete mit tieferem Luftdruck generell warm. Doch in größeren Höhen müssen wir die Veränderung von Druck und Dichte mit zunehmender Höhe berücksichtigen. Aufgrund der Schwerkraft konzentriert sich die Atmosphäre größtenteils in Bodennähe. Dass die Atmosphäre nicht völlig zusammenbricht, liegt daran, dass die nach unten gerichtete Erdanziehung auf jede Luftmasse durch den nach oben gerichteten Schub aufgrund des höheren Drucks von unten ausgeglichen wird. Dieser Kräfteausgleich tritt auf, wenn der Druck und die Dichte der Atmosphäre nach oben exponentiell abnehmen. Die genaue Formel lautet: $P = P_0 exp(-mgh/RT)$, wobei h die Höhe und P_0 der Druck am Boden ist. Wir stellen fest, dass der Druck mit zunehmender Höhe in warmer Luft langsamer als in kalter Luft abnimmt (siehe Zeichnung). Folglich ist der Druck in jeder gegebenen Höhe in der Warmzone höher als in der Kaltzone.

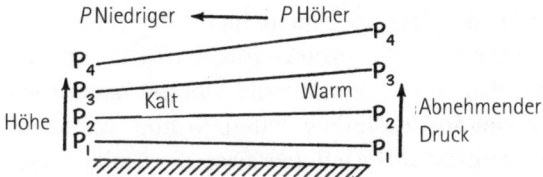

Dieser horizontale Druckunterschied nimmt mit der Höhe zu und erzeugt den thermischen Wind. So kommt zum Beispiel der mit dem polar-subtropischen Temperaturunterschied verbundene thermische Wind stets aus Westen und tritt als zirkumpolarer Jetstream auf, der sich wellenförmig um den Pol herumschlängelt.

124. Blitz und Donner

Dass Blitze mit Rumpeln, Krachen und anderen Geräuschen einhergehen, liegt hauptsächlich daran, dass sie einem sinusförmigen Weg folgen. Manche Punkte auf diesem Weg liegen dem Betrachter näher als andere, sodass sich der Donnerschall verlängert. Wenn der nächste Punkt 1500 Meter näher als der fernste Punkt ist, wird der Donner etwa 5 Sekunden lang rollen, da die Schallgeschwindigkeit in Luft etwa 300 Meter pro Sekunde beträgt. Außerdem bestehen Blitze oft aus vielen Schlägen, die rasch aufeinander folgen. So hat man etwa dreißig bis vierzig Schläge ungefähr entlang dem gleichen Weg in Abständen von 0,05 Sekunden beobachtet. Die von mehrfachen Blitzschlägen erzeugten Schallwellen interferieren miteinander, sodass ein Donnergrollen entsteht, das sich verstärkt und abschwächt.

Die akustische Energie wird größtenteils senkrecht zu einem Segment des Blitzkanals ausgestrahlt. Wenn der gesamte Kanal etwa im rechten Winkel zur Sichtlinie des Beobachters ausgerichtet ist, wird also ein viel größerer Anteil der ausgestrahlten Energie empfangen. Genauso wichtig ist das Phänomen, dass alle Punkte im Kanal Schall erzeugen, der fast gleichzeitig beim Beobachter eintrifft – das Ergebnis ist ein Schall von enormer Stärke: ein Dröhnen oder Krachen. Die Tonhöhe des Donners hängt in erster Linie von der Energie des Blitzschlags ab. Je stärker der Schlag, desto niedriger die Tonhöhe. Ein typischer Wert sind 60 Hertz.

125. Blitze ohne Donner?

Streng genommen nicht. Es kann aber Blitze geben, deren Donner selbst auf ziemlich kurze Entfernung vom Blitzkanal unhörbar ist. So soll beispielsweise das Washington

Monument von Blitzen getroffen worden sein, ohne dass Menschen in der Nähe einen Donner gehört haben.

Wenn es keinen Rückschlag gibt und der Blitz nur aus einem schwachen Strom besteht, wie dies gelegentlich vorkommt, wenn Blitze von den Spitzen von Gebäuden aufsteigen, kann man davon ausgehen, dass sehr wenig Schall erzeugt wird.

126. Die Richtung des Blitzschlags

In einem gewissen Sinn können Blitze in einem Blitzkanal sowohl aufwärts als auch abwärts verlaufen. Eine Entladung zwischen Wolke und Boden beginnt in Form eines stufenförmigen Leiters, wobei ein schwacher, nach unten wandernder Funke einer höchst unregelmäßigen Reihe von Stufen folgt, die jeweils etwa 50 Meter lang sind. Wenn der Leiter noch etwa 100 Meter vom Boden entfernt ist, werden von den Objekten und Gebäuden auf dem Boden Funken ausgehen, und zwar typischerweise zuerst von den höchsten Punkten. Eine dieser nach oben gehenden Entladungen bekommt Kontakt mit dem Leiter, und dies ist der Punkt, an dem der Blitzschlag ausgelöst wird. Wenn der Leiter mit dem Boden verbunden ist, beginnt der Rückschlag, bei dem sich die Elektronen am unteren Ende des Kanals heftig zum Boden bewegen und bewirken, dass der Kanal in Bodennähe stark leuchtet. Dann strömen die Elektronen aus immer höheren Abschnitten des Kanals nacheinander zum Boden hin, und dabei erreichen sie Ströme von etwa 20 000 Ampere – zuweilen bis zu 200 000 Ampere. Der Kanal dehnt sich mit Überschallgeschwindigkeit zu einem Leuchtstrahl mit einem Durchmesser von etwa 5 oder 6 Zentimetern aus. Der stufenförmige Leiter kann 20 Millisekunden benötigen, bis der Kanal den Boden erreicht, aber der Rückschlag ist in wenigen Zehntelmikrosekunden abgeschlossen. Typischerweise wiederholt sich der Vorgang drei oder vier Mal, wobei der alte Kanal genutzt und ein Blitz mit einer durchschnittlichen Dauer von 0,2 Sekunden erzeugt wird.

Zusammenfassend lässt sich sagen: Die Elektronen an allen Punkten im Kanal bewegen sich normalerweise nach unten, auch wenn sich die Region von hohem Strom und hoher Leuchtkraft nach oben bewegt. Der Effekt ähnelt dem von Sand, der durch eine Sanduhr rieselt: Während der Sand nach unten rieselt, macht sich die Wirkung dieses Rieselns in immer höheren Abschnitten der Sanduhr bemerkbar.

127. Das elektrische Feld im Freien

Ein Mensch, der im Freien steht, bildet einen ausgezeichneten geerdeten Leiter, und seine Haut ist im Grunde eine Äquipotentialfläche, genau wie die Oberfläche jedes Leiters. Die Spannung auf seiner Haut hat überall nahezu den gleichen Wert und ist annähernd gleich der Spannung des Bodens. In manchen Fällen kann zwar ein kleiner atmosphärischer elektrischer Strom durch den Körper fließen, aber sein Wert ist kleiner als der der normalen »biologischen Ströme«. Meist verhindert das große Missverhältnis in der Impedanz zwischen dem Körper eines Menschen und der Atmosphäre plus der sehr kleinen atmosphärischen Stromdichte große Ströme – selbst wenn die Potentialdifferenz 100 Kilovolt beträgt!

128. Das Maximum im globalen elektrischen Feld

Die Standardweltzeit 19:00 Uhr entspricht etwa 15:00 Uhr im Amazonasbecken, einer Region mit besonders heftiger Gewittertätigkeit. Die tägliche Schwankung im globalen elektrischen Feld folgt der globalen Gewittertätigkeit. Die Gewitterrate ist keine Konstante, weil die Kontinente eine unregelmäßige Längenverteilung aufweisen und Gewitter in erster Linie über Land auftreten.

129. Reichweite des Rundfunkempfangs

AM-Wellen haben nachts eine größere Reichweite. Das Phänomen beruht auf der Existenz mehrerer ionisierter Schichten in der Atmosphäre in Höhen zwischen etwa 50 und über 160 Kilometern. Die unteren Schichten verschwinden nachts entweder oder werden kleiner, weil sich die Ionisierung der Moleküle an der Unterseite der Ionosphäre in Abwesenheit von Sonnenlicht verringert. Die die AM- und Kurzwellensignale reflektierenden Schichten steigen höher, sodass sich die Reichweite der Sender erhöht.

130. Autoradioempfang

Den relativ niedrigen Frequenzen (525 bis 1605 Kilohertz) für die AM-Rundfunkübertragung (Amplitudenmodulation) entsprechen Wellenlängen von 200 bis 500 Metern. Elektromagnetische Wellen von einer solchen Länge werden von großen Objekten leicht absorbiert. Daher ist der Empfang eines Taschenradios, wenn man es in einem Stahlrahmengebäude verwendet, so unbefriedigend. Die FM-Rundfunkübertragung (Frequenzmodulation) nutzt dagegen sehr hohe Frequenzen (VHF), die von 88 bis 108 Megahertz reichen und Wellenlängen von etwa 3 Metern entsprechen. Eigentlich liegt das FM-Rundfunkband genau in der Frequenzlücke zwischen den Fernsehkanälen 6 und 7. Signale in diesem Frequenzbereich, also auch Fernsehsignale, werden von großen Objekten nicht absorbiert, sondern von ihnen reflektiert und in alle Richtungen gestreut. Gelegentlich können sowohl direkte wie reflektierte Signale desselben Senders gleichzeitig empfangen werden. Im Fernsehen sieht man dann »Geisterbilder«, und beim FM-Stereoempfang führt dies zu Verzerrungen oder Rauschen. Doch abgesehen von solchen Phänomenen wird der FM-Empfang von großen Objekten nicht ernsthaft beeinträchtigt, besonders nicht in Gebieten mit starken Signalen.

131. Der Badewannenstrudel

Falls die Erddrehung der dominante Einfluss ist, können wir davon ausgehen, dass der Effekt des Badewannenstrudels auftritt. Von der Nordhalbkugel aus gesehen verläuft die Erddrehung gegen den Uhrzeigersinn, von der Südhalbkugel aus gesehen dagegen im Uhrzeigersinn. Dann könnte man den Effekt als eine der vielen Manifestationen der Coriolis-Beschleunigung verstehen, die bewirkt, dass Objekte, die sich über die Erdoberfläche bewegen, nördlich des Äquators nach rechts und südlich davon nach links driften. Doch das Verhältnis der Coriolis-Beschleunigung zur Erdbeschleunigung beträgt ungefähr $2\omega\upsilon/g$, wobei ω die Winkelgeschwindigkeit der Erde ist. Das Verhältnis hat bei einer Wassergeschwindigkeit von rund 1 m/sec eine Größenordnung von 10^{-5}. Somit kann man die Coriolis-Kraft in Badewannen und Waschbecken vernachlässigen.

In der Praxis vergeht so wenig Zeit, und es treten so viele andere konkurrierende Faktoren auf (etwa das Langzeitgedächtnis des Wassers für die Richtung, in der es gestrudelt hat, und die Asymmetrien der Badewannenform), dass alle Coriolis-Effekte davon überlagert werden. Gleichwohl treten diese Effekte tatsächlich auf, wenn man für das Experiment überaus symmetrische halbkugelförmige Schüsseln verwendet und das Wasser ein oder zwei Tage stehen lässt, um alle auf den Füllvorgang zurückgehenden Bewegungen zu eliminieren.

132. Die Schwerkraft in der Nähe eines Gebirges

Vielleicht sind Sie der Meinung, ein Gebirgszug ließe sich durch einen langen Halbzylinder mit der Dichte d_M darstellen, der auf einer flachen Ebene liegt (siehe Zeichnung a). Nach diesem Modell müssten allerdings Abweichungswinkel eines Senkbleis vorhergesagt werden, die viel größer sind als die Winkel, die tatsächlich beobachtet werden. Nehmen wir nun stattdessen an, der Gebirgszug ließe sich durch einen langen Zylinder mit der Dichte d_M darstellen, der in einem Fluid mit der Dichte $2\,d_M$ schwimmt (siehe Zeichnung b). In diesem Modell ist die Ablenkung des Senkbleis durch den Gebirgszug null. Dieses zweite Modell erscheint physikalisch durchaus sinnvoll: Die

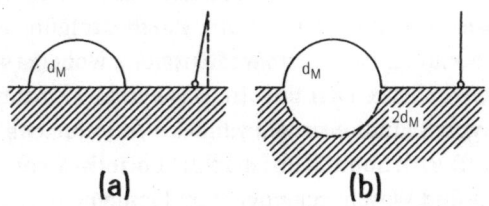

(a)   (b)

Masse, die in der oberen und der unteren Zylinderhälfte enthalten ist, ist genauso groß wie die Masse der Erde, die sich in der unteren Zylinderhälfte befände, wenn es den Gebirgszug nicht gäbe. Dieses Modell hat die Geologen davon überzeugt, dass Gebirge und auch Kontinente auf dem darunterliegenden Mantelgestein schwimmen.

133. Die Schwerkraft im Erdinneren

Nein. Die einfache lineare Beziehung gilt nicht im Inneren der realen Erde. Tatsächlich übersteigt die Schwerefeldstärke $g(r)$ im Innenvolumen größtenteils ihren Oberflächenwert, und zwar aufgrund der ungleichförmigen Dichte der Erde. Die durchschnittliche Dichte des innersten Teils der Erde ist etwa doppelt so groß wie die durchschnittliche Dichte der gesamten Erde. Druck und Temperatur nehmen im Inneren so stark zu, dass das Zentrum der Erde so heiß wie die Oberfläche der Sonne ist!

134. Warum ist die Erdanziehung an den Polen größer?

Die Schwankung von g zwischen den polaren und den äquatorialen Werten beträgt etwa 5,2 cm/s^2. Größtenteils (genauer: 3,4 cm/s^2) beruht sie auf den Zentrifugaleffekten – also der Tatsache, dass die Erde aufgrund ihrer Rotation kein ruhendes Bezugssystem darstellt. Der Rest beträgt 1,8 cm/s^2. Nur zwei Drittel dieses Rests, also 1,2 cm/s^2, ließen sich auf die Abweichungen des Polarradius vom Radius einer Kugel gleichen Volumens zurückführen. Der Grund dafür ist ziemlich technisch: Es stellt sich nämlich heraus, dass bei einer kleinen ellipsoiden Abplattung einer Kugel, bei konstantem Volumen, der Polar-radius um doppelt so viel verkürzt wird, wie der Äquatorialradius vergrößert wird. Eine Berechnung ergibt, dass nur 0,44 cm/s^2, also annähernd ein Drittel der zu berücksichtigenden 1,2 cm/s^2, auf die Abplattung der Erde zurückgeführt werden können. Die verbleibende Schwankung im Wert von g beruht somit größtenteils auf der Tatsache, dass die Dichte der Erde nicht einheitlich, sondern in der Nähe des Erdmittelpunkts größer ist.

135. Der Grüne Strahl

Die Erdatmosphäre verhält sich wie ein riesiges Prisma. Sie bricht die Komponenten des Sonnenlichts, wobei die kürzeren Wellenlängen (Violett-, Blautöne) stärker als die längeren (Rot-, Orange-, Gelbtöne) gebrochen werden. Diese Winkelstreuung des weißen Sonnenlichts nimmt zu, wenn das Sonnenlicht mehr Luft passiert, bevor es den Beobachter erreicht, also bei Sonnenuntergang und Sonnenaufgang.

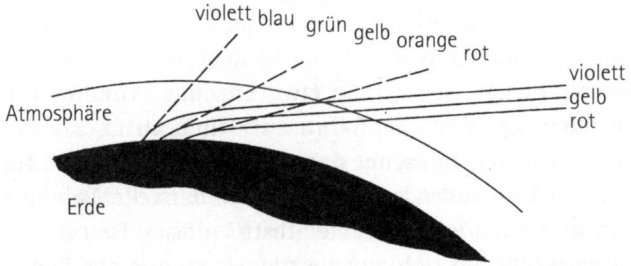

Die Zeichnung veranschaulicht, dass die kürzeren Wellenlängen stärker abgelenkt werden und von höheren Punkten am Himmel zu kommen scheinen als die längeren Wellenlängen. Hinweis: Das Auge-Hirn-System unterstellt, dass ein Lichtstrahl von einem Punkt auf der Tangente zum Weg des Strahls ausgeht. (Die Buchstaben in der Zeichnung bezeichnen die Farben der verschiedenen Komponenten.) Somit liegen beim Sonnenlichtspektrum die Violetttöne oben und die Rottöne unten. Wenn ein genügend großer Anteil der Sonnenscheibe über dem Horizont sichtbar ist, überlappen sich die Lichtstrahlen von ihren verschiedenen Teilen, und das Spektrum ist nicht zu sehen. Aber wenn die Sonne untergeht, müssten die Farben ihres Spektrums theoretisch nacheinander verschwinden – die roten Strahlen zuerst und die violetten Strahlen zuletzt. Allerdings müssen hier noch zwei weitere atmosphärische Effekte berücksichtigt werden: 1. die Absorption von Licht, meist aufgrund von Wasserdampf, Sauerstoff und Ozon, das überwiegend das orangefarbene und gelbliche Licht herausfiltert, und 2. die Streuung von Licht, wovon vor allem die kürzeren Wellenlängen (Violett- und Blautöne) betroffen sind. Die einzige relativ unbeeinflusste Farbe ist Grün, und sie erreicht unsere Augen. In großen Höhen, wo die Luft gewöhnlich klarer ist, können die kürzeren Wellenlängen noch immer durchkommen, und der Strahl kann statt grün blau oder violett sein.

Der Strahl ist länger zu sehen, wenn die Sonne relativ langsam versinkt – im Winter an allen Orten (da der scheinbare Weg der Sonne dann den kleinsten Winkel mit dem Horizont bildet) und zu allen Zeiten in der Nähe der Pole. Im norwegischen Hammerfest (79° nördlicher Breite) kann der Strahl zur Mittsommerzeit bis zu vierzehn Minuten sichtbar sein: sieben Minuten während des Sonnenuntergangs und weitere sieben Minuten während des Sonnenaufgangs – der sich unmittelbar anschließt!

*136. Mäandernde Flüsse

Für den Ursprung von Mäandern gibt es drei verschiedene Modelle. Da ist zunächst einmal das mechanische Modell: Aufgrund einer geringfügigen Unregelmäßigkeit des Terrains entsteht eine kleine Flussbiegung. Die Zentrifugalkraft, die auftritt, wenn der Fluss um die Biegung fließt, beschleunigt das Wasser nach außen in Richtung auf das konkave Ufer. Weil das Wasser an der Oberfläche des Flusses durch die Reibung des Flussbettes weniger verlangsamt wird, bewegt es sich über die Strömung zum konkaven Ufer hin und wird von unten durch Wasser ersetzt, das sich über die Unterseite der Strömung in entgegengesetzter Richtung bewegt (siehe Zeichnung). Das konkave Ufer wird durch die nach unten gerichtete Strömung ausgewaschen und schließlich erodiert, sodass sich die Biegung vertieft. Dieser ganze Prozess zwingt den Fluss auf einen Weg, der eher quer zum Hügel verläuft als in einer direkten Abwärtslinie. Doch schließlich zieht die Schwerkraft den Fluss in einem Abwärtsweg herum und erzeugt so eine entgegengesetzte Kehre. Auf diese Weise geht der Prozess weiter.

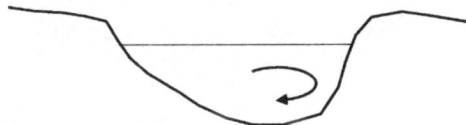

Nach einem anderen Modell sind Mäander anscheinend die Form, in der ein Fluss am wenigsten Arbeit bei Richtungsänderungen verrichtet. Jedenfalls ist Arbeit erforderlich, wenn die Richtung einer strömenden Flüssigkeit geändert werden soll. Die Arbeit wird minimiert, wenn die Form eines Flusses die geringste Gesamtschwankung bei den Richtungsänderungen aufweist. Diese Eigenschaft lässt sich demonstrieren, wenn man einen dünnen Streifen Federstahl zu verschiedenen Konfigurationen verbiegt, indem man den Streifen an zwei Punkten festhält und ihn zwischen diesen Fixpunkten eine zwanglose Form annehmen lässt (siehe Zeichnung). Der Streifen wird eine Form annehmen, bei der sich die Richtung so wenig wie möglich ändert. Dies minimiert die Gesamtarbeit des Biegens, da die in jedem Element der Länge verrichtete Arbeit proportional zum Quadrat seiner Winkelauslenkung ist. Die Biegungen sind weder Kreisbögen noch Parabelbögen noch Sinuskurven, sondern spezielle Funktionen, die Lösungen so genannter elliptischer Integrale sind.

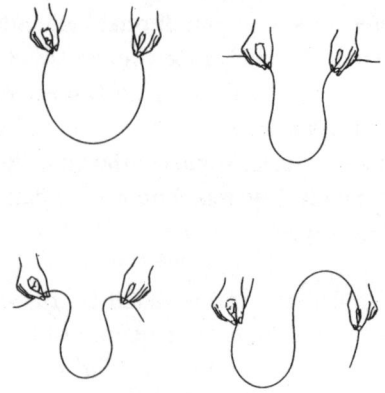

Beim dritten Modell für Mäander wird der Lauf eines Flusses im Hinblick auf Zufall und Wahrscheinlichkeit analysiert. So lässt sich beweisen, dass jede Linie mit einer festgelegten Länge, die sich zwischen zwei festen Punkten erstreckt, wahrscheinlich einem Mäandermuster folgt. Dieser Beweis besteht darin, dass man Zufallswege oder

-pfade erzeugt, auf denen ein sich bewegender Punkt in einer Richtung abzweigen kann, die von irgendeinem Zufallsverfahren (z. B. Würfeln oder die Sequenz aus einer Tabelle mit Zufallszahlen) ermittelt wird, wenn er zwischen zwei festen Punkten in einer festgelegten Anzahl von Schritten wandert. Der wahrscheinlichste Pfad eines solchen sich bewegenden Punkts ist ein Serpentinenmuster, dessen Proportionen denen von Flüssen ähneln.

*137. Energie aus unserer Umgebung

Dieser Wärmespeicher ist ganz einfach der Nachthimmel! Ein auf den Nachthimmel gerichteter Parabolspiegel mit einem schwarz (das heißt »schwarz« im Infrarotbereich, denn schwarz im sichtbaren Bereich bedeutet normalerweise nicht das Gleiche) gestrichenen Objekt im Brennpunkt wird bei einer Umgebungstemperatur von beispielsweise 300 K im Infrarotbereich abstrahlen. Er wird vom Nachthimmel wenig Strahlung empfangen, die man in etwa als Strahlung des schwarzen Körpers bei 285 K verstehen kann. Folglich wird die Temperatur des Objekts im Brennpunkt sinken und sich schließlich 285 K nähern, wenn es von seiner Umgebung wärmeisoliert ist. Dann können wir mit Hilfe des resultierenden Temperaturunterschieds eine Wärmekraftmaschine betreiben oder auf andere Weise Energie gewinnen (etwa durch thermoelektrische Effekte).

*138. Die Temperatur der Erde

Uns ist zwar kein Fehler unterlaufen, aber wir haben etwas weggelassen. Die Gleichgewichtstemperatur T wurde mit Hilfe dieser Gleichung gefunden: absorbierter Fluss =

abgegebener Fluss oder $S(1 - A)\pi R^2 = \sigma T^4 (4\pi R^2)$, wobei $S = 1{,}35$ kWh/m^2 die Solarkonstante und $A = 0{,}3$ der typische Wert des Reflexionsvermögens oder der Albedo der Erde ist. Die absorbierte Energie befindet sich hauptsächlich im sichtbaren Teil des Spektrums, die ins Weltall zurückgestrahlte Energie hingegen meist im Infrarotbereich. Und damit haben wir den Kernpunkt des Problems: Wir haben den Treibhauseffekt weggelassen! Während die Atmosphäre bei gewöhnlichen sichtbaren Wellenlängen sehr transparent ist, ist sie im Infrarotbereich nicht so transparent. Wenn wir berechnen, wie groß die Undurchlässigkeit aufgrund von Infrarot absorbierenden Gasen wie Wasserdampf, Kohlendioxid, Methan und Fluorchlorkohlenwasserstoffen (FCKW) ist, erhalten wir die richtige Lösung.

*139. Der Treibhauseffekt

Beide Ansichten sind akzeptabel, und zwar je nach den speziellen Bedingungen. Bei einem Sonnenkollektor wie einem Treibhaus oder der Erdatmosphäre ist die durch Konvektion (in Watt/m^2) übertragene Energie $h\Delta T$, wobei ΔT die Differenz zwischen der Außentemperatur und der Betriebstemperatur des Kollektors und h eine Proportionalitätskonstante ist, die mit der Windgeschwindigkeit zunimmt. Die durch Strahlung abgegebene Energie ist annähernd gleich $4\sigma T^3 \times T$, wobei σ die Stefan-Boltzmann-Konstante ist. Wenn die Luft ruhig ist, dann ist der Strahlungsverlust etwas größer, aber wenn der Wind mit etwa 7 m/s weht – ein typischer Wert, wie ihn Heizungsingenieure verwenden, um Wärmeverluste im Winter zu berechnen –, nimmt der Konvektionsverlust um etwa das Fünffache des Strahlungsverlusts zu.

Wenn der Kollektor mit einem Material abgedeckt wird, das für Infrarot transparent ist, so werden die Konvektionsverluste halbiert (bei ruhiger Luft), aber der Strahlungsverlust ist unverändert und wird der dominante Faktor. Allerdings ließe sich die Strahlung effektiv einfangen, wenn wir ein Material verwenden würden, das sichtbares Licht durchlässt und Infrarot reflektiert. Derartige Materialien gibt es, aber sie sind meist kostspielig.

*140. Messung des Erdumfangs

Die Methode erfordert eine klare Sicht auf den Sonnenuntergang von einem Strand am Meer oder vom Ufer eines großen Sees aus. (Achtung: Aus Sicherheitsgründen sollten Sie erst dann die Sonnenscheibe betrachten, wenn sie größtenteils schon unter dem Horizont ist.) Legen Sie sich auf den Boden, sodass sich Ihr Auge praktisch auf einer Ebene mit dem Wasserspiegel befindet. Warten Sie genau bis zu dem Augenblick (und schauen Sie dabei auf die Uhr), in dem der letzte Sonnenstrahl horizontal zurückweicht und verschwindet. Stehen Sie sofort auf und stellen Sie erneut fest, zu welchem Zeitpunkt der letzte Strahl nun verschwindet. Durch Subtraktion ermitteln Sie die Zeit, die zwischen den beiden Ereignissen vergangen ist (je nach geographischer Breite 10 bis 20 Sekunden). In der Nähe des Äquators dividieren Sie einfach die Augenhöhe h (in Metern) durch das Quadrat der vergangenen Zeit t und multiplizieren Sie diese Zahl mit 378. Das Ergebnis ist Ihre eigene Schätzung des Erdradius, ausgedrückt in Einheiten von tausend Kilometern. Wenn Sie weiter weg vom Äquator sind, sollten Sie die vollständige Näherung zur Berechnung des Erdradius nehmen, nämlich

$R \approx 2h/(\omega^2\, t^2 \cos^2\theta)$, $\approx 378 \cdot h/(t^2 \cos^2\theta)$, wobei θ die geographische Breite Ihres Beobachtungsortes und der Faktor 378 gleich $2/\omega^2$ in den verwendeten Einheiten ist. (ω ist die Winkelgeschwindigkeit der Erde, also die reziproke Zeit $1/T$, die die Erde für eine Umdrehung [für den Winkel 2π] braucht. [Die Zeit T ist definiert als ein Tag, das sind 24 Stunden bzw. 1440 Minuten oder 86 400 Sekunden] Also $\omega = 2\pi/86\,400$ sec^{-1} = $7.2722 \cdot 10^{-5}$ sec^{-1} $\Rightarrow 2/\omega^2 =$ $378.17929 \cdot 10^6$ sec^2.)

Hatte Galilei Recht?

141. Sichtbarkeit von Satelliten

Ein künstlicher Erdsatellit ist nur zu sehen, wenn er sich über dem Horizont befindet und die Sonne, die hinter dem Horizont versunken ist, ihn von unten anleuchtet. Wenn die Sonne am Himmel steht, scheint sie zu hell, sodass man den Satelliten nicht sieht. Da viele Satelliten, insbesondere Aufklärungssatelliten, polnahe Umlaufbahnen haben, gibt es eine einfache Möglichkeit, einen Satelliten zu entdecken: Suchen Sie doch einfach mal den Nachthimmel um den Polarstern herum danach ab.

142. Ein sterbender Satellit

Zufällig benötigt der erdnächste Satellit – der die Atmosphäre gerade streift – fast genau 90 Minuten für seine Umlaufbahn. Weil 90 Minuten genau ein Sechzehntel eines Tages sind, wird der Satellit nach 24 Stunden aufgrund der Erdrotation fast wieder an der gleichen Stelle am Himmel auftauchen.

143. Cape Canaveral

Cape Canaveral wurde deshalb ausgewählt, da sich der landfreie Ozean über 8000 Kilometer bis zur Küste von Südafrika erstreckt. Diese Tatsache ist deshalb so wichtig, damit die ersten beiden Stufen der dreistufigen Raketen, die über dem Atlantik gestartet werden, ins Wasser und nicht auf bewohntes Gebiet fallen. Ähnlich verhält es sich beim Spaceshuttle: Hier müssen die Schubraketen an Fallschirmen im Ozean landen, damit sie geborgen und wiederverwendet werden können.

Warum entscheidet man sich für einen Startplatz an der Ostküste statt an der Westküste? Das liegt an der Erddrehung. Eine Rakete, die auf dem Boden auf Cape Canaveral steht, wird mit 1456 km/h nach Osten befördert. Diese Geschwindigkeit ergibt sich daraus, dass man den Erdumfang in der geographischen Breite von Cape Canaveral (28,5°N) – 34944 Kilometer – durch 24 Stunden teilt. Ein Satellit auf einer niedrigen kreisförmigen Umlaufbahn muss sich mit 27680 km/h bewegen. Wenn seine Geschwindigkeit auf dem Boden bereits 1456 km/h beträgt, ist nur noch eine zusätzliche Startgeschwindigkeit von 26224 km/h erforderlich. Zur Zeit nutzt die Startplattform in Französisch-Guayana (5°N) den Vorteil einer freien Startbahn nach Osten aufgrund der Erdumdrehung am besten. Das Kosmodrom von Baikonur (45,9°N) östlich vom Aralsee in Kasachstan hat die ungünstigste geographische Breite. Starts von einem Schiff am Äquator im Pazifik können die Erdrotation maximal nutzen.

144. Schwerelosigkeit in einem Flugzeug

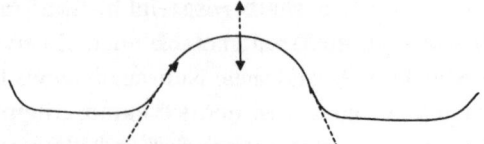

Schwerelosigkeit lässt sich erzielen, wenn ein Flugzeug eine sorgfältig kontrollierte achterbahnähnliche Flugbahn hat, die Antwort (c) am nächsten kommt. In der Nähe des Scheitelpunkts jedes Parabelloopings hebt die Zentrifugalkraft (gestrichelter Pfeil), die im Bezugssystem des Flugzeugs auftritt, die Erdanziehung (durchgezogener Pfeil) auf, und die Passagiere werden schwerelos. Wenn Sie das nicht glauben, dann bohren Sie mal ein Loch in den Boden einer Büchse, füllen diese mit Wasser und werfen sie in einem Winkel auf den Boden. Während des Flugs wird kein Wasser aus der Büchse fließen!

Die Schwerelosigkeit endet nahe dem unteren Rand des Loopings, und wenn das Flugzeug in den nächsten 40 bis 50 Sekunden wieder steigt, sind die Passagiere einem Druck von etwa $2g$ (der doppelten Schwerkraft) ausgesetzt. Bei Trainingsflügen der NASA für künftige Astronauten kann diese Achterbahnfahrt bis zu einer Stunde dauern. Da kann man schon verstehen, warum das alte Boeing-Düsenflugzeug, das für diesen Zweck eingesetzt wird, den Spitznamen »Vomit Comet« – »Kotzkomet« – bekommen hat.

145. Eine Kerze bei Schwerelosigkeit

Diese Frage hat man 1973/74 an Bord der US-Raumstation *Skylab* untersucht. Tatsächlich kann eine Kerze bei null Schwerkraft brennen, wenn auch ganz langsam.

Auf der Erde brennt eine Kerze infolge von Konvektion weiter: Warme Luft über der Kerze steigt auf (indem sie von der dichteren Luft darunter nach oben geschoben wird), und das bewirkt, dass mehr Luft am unteren Ende der Kerze hereingezogen wird und sie damit erneut mit Sauerstoff versorgt. Der aufsteigende Konvektionsstrom streckt die Flamme zu ihrer charakteristischen Form. In der Schwerelosigkeit gibt es keine Konvektion, sodass die Flamme ungefähr kugelrund ist. Die Verbrennung findet nur in einer dünnen kugelförmigen Schale statt, wo die nach außen sich ausbreitenden Brennstoffdämpfe auf den nach innen sich ausbreitenden Sauerstoff treffen. Diese Beschränkung reduziert die Brenngeschwindigkeit drastisch. Wir gehen hier allerdings davon aus, dass keinerlei Luftströmungen dem Docht mehr Sauerstoff zuführen. Dies ist jedoch an Bord von Spaceshuttles nicht der Fall, wo Ventilatoren in der Kabine ständig Luft zirkulieren lassen, um die Cockpitelektronik zu kühlen. In einem Spaceshuttle also würde eine Kerze schneller brennen.

146. Kocht Wasser im Weltall?

Auf der Erde erhitzen wir Wasser meist durch Konvektion. Da erhitztes Wasser auf dem Boden des Kessels (also in der Nähe der Wärmequelle) weniger dicht ist, steigt es nach oben und verdrängt das kalte Wasser an der Oberfläche, das sinkt, erhitzt wird und wieder aufsteigt. Diese Konvektionsströme mischen warmes und kaltes Wasser effektiv.

Im Zustand der Schwerelosigkeit gibt es keine Konvektionsströme. Angenommen, die Seitenwand des Kessels hat eine sehr schlechte Wärmeleitfähigkeit und es ist kein

Rührgerät vorhanden, dann wird das Wasser an der Oberfläche nur durch Konduktion erhitzt – und das ist in Wasser ein langsamer Prozess.

147. Maximale Reichweite

Paradoxerweise ist es am besten, ein Raumschiff zu starten, das im Sonnensystem so weit wie möglich gelangen soll, wenn die Erde auf ihrer Umlaufbahn der Sonne am nächsten ist – das heißt, im Perihel. Wählt man das Periheldatum (um den 3. Januar), an dem sich die Erde im Sonnensystem am schnellsten bewegt, erhält man den größtmöglichen Schub von der Bahngeschwindigkeit der Erde.

148. Luftwiderstand bei Satelliten

Anfangs kann der Luftwiderstand einen Satelliten beschleunigen! Bei einer kreisförmigen Umlaufbahn ist die Gesamtenergie eines Satelliten mit der Masse m gleich $E = -GMm/2r$, wobei r der Radius der Umlaufbahn ist. Die potentielle Energie beträgt $2E$, während die kinetische Energie $-E$ ist. Daher wird der Satellit für jede Energieeinheit, die aufgrund des Luftwiderstands »verloren geht«, zwei Einheiten von potentieller Energie »verlieren«, wenn er sich spiralförmig nach unten bewegt, aber eine Einheit von kinetischer Energie *gewinnen*. Dieser Prozess kann nicht unendlich so weitergehen. Wenn der Energieverlust durch die Luftreibung größer wird als der Gewinn durch das Absinken im Schwerefeld, stürzt der Satellit ab. Der Absturz wird durch den Luftwiderstand gebremst. Dabei wird die Energie des Satelliten in Wärme umgewandelt.

Beachten Sie, dass der Luftwiderstand bei elliptischen Umlaufbahnen am stärksten im Perigäum (Erdnähe) ist, wo die Geschwindigkeit ebenso wie die Luftdichte am größten sind, und im Apogäum (größte Erdferne) am schwächsten. Wegen dieses Unterschieds wird die Umlaufbahn immer mehr nahezu kreisförmig, wenn sie schrumpft.

149. Trennungsangst

Die Startrakete ist generell größer als der Satellit. Folglich erfährt sie mehr Luftwiderstand und verliert langsam an Höhe. Dabei wandelt die Rakete ihre potentielle Energie teilweise in vermehrte kinetische Energie um – das heißt, in größere Geschwindigkeit. Somit folgt die erhöhte Geschwindigkeit aus dem Prinzip der Energieerhaltung.

150. Die Umlaufbahn ändern – durch Radialschub

Naheliegend wäre die Antwort, dass sich die Umlaufbahn in Richtung des Schubs verlängert. Tatsächlich verlängert sich die Umlaufbahn auch, aber in einer Richtung, die senkrecht zum Schub ist – also wie in (c).

Um dieses der Intuition widersprechende Ergebnis zu verstehen, vergleichen wir die beiden Umlaufbahnen. Aufgrund des Prinzips der Erhaltung des Drehmoments mvr wird die maximale Geschwindigkeit im Perigäum erreicht. Bei der Umlaufbahn (b) weist v_{max} horizontal nach rechts, bei Umlaufbahn (c) senkrecht nach oben – das heißt, in Richtung des Schubs. Somit wird der radiale Schub zur Umlaufbahn (c) führen, da die maximale Geschwindigkeit in der gleichen Richtung wie der Schub sein muss. Beachten Sie, dass ein nach innen gerichteter radialer Schub an der Unterseite der ursprünglichen kreisförmigen Umlaufbahn den gleichen Effekt hätte.

151. Die Umlaufbahn ändern – durch Tangentialschub

Wie bei der vorangegangenen Frage liegt die Vermutung nahe, dass sich die Umlaufbahn in Richtung des Schubs verlängern wird. Und genau wie zuvor wird sich die Umlaufbahn auch verlängern, aber ebenfalls in einer Richtung senkrecht zum Schub, also wie in (c).

Vergleichen wir die beiden Umlaufbahnen. Die maximale Geschwindigkeit wird im Perigäum erreicht. Bei Umlaufbahn (b) weist v_{max} senkrecht nach oben, bei Umlaufbahn (c) horizontal nach links – das heißt, in Richtung des Schubs. Somit wird der tangentiale Schub zu Umlaufbahn (c) führen, da die maximale Geschwindigkeit in der gleichen Richtung wie der Schub sein muss.

152. Abgasgeschwindigkeiten

Ja. Diese paradoxe Tatsache versteht man, wenn man weiß, dass die Abgase stets mit der gleichen Geschwindigkeit relativ zur Rakete ausgestoßen werden, während sich Letztere konstant beschleunigt. Natürlich wird die Vorwärtsgeschwindigkeit der Rakete an irgendeinem Punkt größer als die Rückwärtsgeschwindigkeit der Abgase sein, und relativ zum Boden werden sich die Abgase vorwärts zu bewegen beginnen. Mathematisch gesprochen, kann man eine Gleichung für die Geschwindigkeit v einer Rakete zu jeder gegebenen Zeit t als Funktion der Anfangsmasse m_0 der Rakete, der Masse m der Rakete zu einer Zeit t und der Geschwindigkeit v_{ex} der Abgase in Bezug auf die Rakete aufstellen. Die Gleichung lautet einfach $v = v_{ex}\ln(m_0/m)$ für den Idealfall. Anhand dieser Gleichung erkennt man leicht: Wenn die Rakete so viel Brennstoff verbraucht hat, dass $m_0/m > e$, dann wird v größer als v_{ex} – also bewegen sich die Abgase in Bezug auf den Boden in die gleiche Richtung wie die Rakete.

153. Starthaltung

Beschleunigungen wirken sich auf den menschlichen Körper ganz unterschiedlich aus, und zwar je nachdem, ob der Astronaut in Richtung der Beschleunigung liegt, sodass sein Blut vom Kopf zu den Füßen gedrängt wird, oder ob er in der Bauchlage liegt, sodass sich sein Kopf und sein Herz auf der gleichen Ebene relativ zu den Beschleunigungsbelastungen befinden. In einer aufrechten Sitzhaltung verlieren Astronauten bei 4 bis 8 g das Bewusstsein – das hängt ganz von der Dauer ebenso wie davon ab, ob die Astronauten Antischwerkraftanzüge tragen. In der Bauchlage hingegen können Astronauten für kurze Zeit bis zu 17 g aushalten, ohne das Bewusstsein zu verlieren.

Beim Start erfahren Shuttleastronauten eine Beschleunigung von 1,6 g – 1 g ist eine Beschleunigung, bei der sich die Geschwindigkeit pro Sekunde um 9,8 Meter pro Sekunde ändert. Dies entspricht einer gleichförmigen Beschleunigung von 0 auf 100 Kilometer pro Stunde in rund 3 Sekunden. Zum Vergleich: Ein normales Düsenflugzeug beschleunigt auf der Startbahn vor dem Abheben mit etwa 0,33 g. Die Beschleunigungsbelastungen schwanken, während der Shuttle aufsteigt, überschreiten aber nie 3 g.

Schließlich wird nach 8,5 Flugminuten der Hauptantrieb abgeschaltet, und im Bruchteil einer Sekunde gehen die Astronauten zur Schwerelosigkeit über. Während des Wiedereintritts dagegen werden die Beschleunigungsbelastungen nie so hoch – ihr Maximum beträgt normalerweise 1,5 g.

154. Flucht von der Erde?

Ja, sie kann entkommen. Die Gesamtenergie einer Rakete mit der Masse m und der Geschwindigkeit v ist auf der Oberfläche der Erde mit einem Radius R gleich 1/2 mv^2 – GMm/R. Der erste Term ist die kinetische Energie der Rakete, der zweite Term ist ihre negative potentielle Energie im Gravitationsfeld der Erde. Um von der Erde zu entkommen, muss die Rakete genügend kinetische Energie haben, sodass ihre Gesamtenergie null oder positiv ist – das heißt, 1/2 mv^2 – $GMm/R \geq 0$. Diese Bedingung ist unabhängig von der Richtung von v, und darum spielt es keine Rolle, wie die Rakete ausgerichtet ist. Wenn die Gesamtenergie null ist, folgt die Rakete einer parabolischen Flugbahn.

In der Praxis ist es bei Geschwindigkeiten kleiner als 11,2 km/s viel wirtschaftlicher, die Rakete horizontal zu starten. Erstens wird die effektive Geschwindigkeit der Rakete durch die Geschwindigkeit der Erdoberfläche in der geographischen Breite, in der der Start erfolgt, erhöht, wenn die Flugbahn nach Osten gerichtet ist. Zweitens vermittelt die horizontale Flugbahn den größtmöglichen Drehimpuls.

Interessanterweise hängt die Minimalgeschwindigkeit, die zur Flucht aus dem Erde-Sonne-System erforderlich ist, tatsächlich vom Startwinkel relativ zur Bahngeschwindigkeit der Erde ab. Die optimale Lösung besteht bei der Minimalgeschwindigkeit von 16,6 km/s darin, die Rakete in Richtung der Erdbewegung zu starten. Beachten Sie, dass diese Geschwindigkeit ein viel geringerer Wert ist als die oft fälschlicherweise in Lehrbüchern angegebene Geschwindigkeit von 42 km/s für die Fluchtgeschwindigkeit von der Sonne in einer Entfernung von 1 AE (Astronomische Einheit, die mittlere Entfernung zwischen Erde und Sonne). Bei einem radialen Start von der Sonne beträgt die minimale Fluchtgeschwindigkeit 52,8 km/s.

155. Rendezvous im Orbit

Der Vorwärtsschub wird genau das Gegenteil bewirken: Er wird die Entfernung zwischen dem Shuttle und der Raumstation vergrößern. Ein Schub in Richtung des Ziels erhöht die Energie des Shuttles, die ihn in eine höhere Umlaufbahn befördert. Dieses Ergebnis lässt sich für eine kreisförmige Umlaufbahn anhand der Beziehung zwischen der Gesamtenergie und der radialen Entfernung r ermitteln: $E_{tot} = -GMm/2r$. Aber eine höhere Umlaufbahn ist mit geringeren Geschwindigkeiten verbunden, wie wir anhand von $v^2 = GM/r$ erkennen – der Shuttle wird sich also verlangsamen. Das richtige Verfahren erfordert eine Reihe von Manövern. Zunächst beginnt man mit einem Bremsschub, der die Gesamtenergie des Shuttles verringert und ihn auf eine elliptische Umlaufbahn absenkt. Wenn diese Umlaufbahn kreisförmig geworden ist, ist sie niedriger und somit schneller als die Umlaufbahn des Zielobjekts. Nachdem man die Raumstation überholt hat, absolviert man diese Manöver in umgekehrter Reihenfolge, um wieder nach oben in die Umlaufbahn des Zielobjekts zu gelangen und abzubremsen.

156. Start zum Mond

Wegen der Auswirkungen der Schwerkraft der Sonne auf die Umlaufbahn des Mondes kann die Neigung dieser Umlaufbahn relativ zur Ebene der Erdumlaufbahn um ± 5°9′ schwanken. Wenn man diese Größenordnung mit der 23°28′ großen Neigung des Äquators der Erde zu ihrer Umlaufebene kombiniert, schwankt die Neigung der Mondumlaufbahn in Bezug auf den Erdäquator zwischen 18°19′ und 28°37′ oder um etwa 28 1/2 Grad – und das ist exakt die geographische Breite des Kennedy Space Center. Dank dieser geographischen Breite kann die NASA Raketen direkt nach Osten starten und damit die Rotationsgeschwindigkeit der Erde voll nutzen, um die Raketen in Umlaufbahnen zu bringen, die fast genau in der Ebene der Mondumlaufbahn liegen. (Ob wohl Jules Verne die Umlaufmechanik für eine Mondsonde kannte ...)

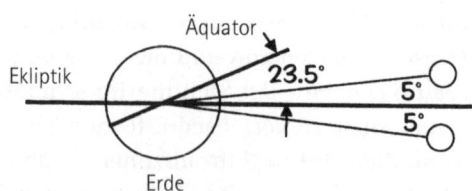

Die frühen sowjetischen Mondsonden wurden hingegen von Tjuratam aus gestartet, östlich des Aralsees, der eine geographische Breite von 45,6° hat. Von hier aus konnte man also bestenfalls eine Umlaufbahn mit einer Neigung von 45,6° erreichen, die wiederum unter den besten Bedingungen um etwa 17° zur Mondumlaufbahn geneigt ist. Von dort aus muss man dann zur Bahnebene des Mondes wechseln, und für dieses Manöver verbraucht man sehr viel Treibstoff.

157. Wie Raketen Treibstoff sparen

Es klingt zwar ein wenig paradox, aber es ist wirtschaftlicher, die obere Stufe zu zünden, wenn sie sich nahe dem Boden befindet, als wenn sie ihr Schubapogäum erreicht hat. Den größeren Nutzen erzielt man mit dem Treibstoff, wenn sich die obere Stufe so schnell wie möglich bewegt, als wenn die obere Stufe zwar so hoch wie möglich ist, sich aber sehr langsam bewegt. Mathematisch ausgedrückt verändert sich die kinetische Energie proportional zur Geschwindigkeit – das heißt: $\Delta E_{kin} = mv \cdot \Delta v$.

158. Die Geschwindigkeit der Erde

Die Erde bewegt sich am schnellsten, wenn es auf der Nordhalbkugel Winter, und am langsamsten, wenn es Sommer ist. Der Weg der Erde um die Sonne ist leicht elliptisch, und das heißt, dass sich die Entfernung zwischen Erde und Sonne ständig ändert. Paradoxerweise ist die Erde für die Bewohner der Nordhalbkugel der Sonne im Winter am nächsten und im Sommer am weitesten von ihr entfernt. Das Perihel, der sonnennächste Punkt (Entfernung $1,471 \times 10^8$ km), wird zwischen dem 2. und 5. Januar erreicht, das Aphel, der sonnenfernste Punkt (Entfernung $1,521 \times 10^8$ km), zwischen dem 3. und dem 6. Juli.

Der genaue Zeitpunkt ist von Jahr zu Jahr verschieden. Interessanterweise erscheint der Mond um die Zeit des Aphels ein wenig lichtschwächer als um die Zeit des Perihels. Nach dem zweiten Kepler'schen Gesetz bleibt die Fläche stets gleich, die der Radiusvektor der Erde überstreicht. Um eine gleich große Fläche zu überstreichen, muss sich die Erde schneller bewegen, wenn sie der Sonne nahe ist – im Perihel beträgt diese Geschwindigkeit 30,3 km/s, im Aphel dagegen 28,8 km/s.

159. Ist die Erde in Gefahr?

Die Erde umrundet die Sonne mit einer Geschwindigkeit von etwa 105 000 km/h. Um auf die Sonne zu fallen, müsste sich die Erde in Bezug zur Sonne drastisch verlangsamen, nämlich sich um die rund 105 000 km/h in der Richtung beschleunigen, die ihrer gegenwärtigen Bewegung entgegengesetzt ist. Es ist also viel leichter, der Sonne völlig zu entkommen, als zu ihr zu gelangen.

160. Das Ende des Planeten Erde

Die Bahn der in die Sonne fallenden Erde kann man sich als eine Seite einer sehr gestreckten Ellipse mit einer großen Halbachse von 0,5 AE vorstellen. Nach dem dritten Kepler'schen Gesetz, $T^2 = a^3$, ist die Fallzeit halb so groß wie die neue Periode – das heißt: $T = 1/2\,(0,5)^{1,5}$ Jahre oder 64,6 Tage.

161. Die Helligkeit der Erde

Während sich Venus innerhalb der Umlaufbahn der Erde um die Sonne dreht, zeigt sich ihre sonnenbeschienene Halbkugel der Erde unterschiedlich hell. Ihre volle Phase weist sie zur Zeit der oberen Konjunktion, die Viertelphase im Durchschnitt nahe den Elongationen und die Neuphase während der unteren Konjunktion auf. Paradoxerweise ist Venus nicht am hellsten, wenn sie der Erde am nächsten ist (ihre Neuphase), sondern in ihrer Sichelphase (etwa fünf Wochen vor und nach der Neuphase). Andererseits präsentiert die Erde, die weiter von der Sonne entfernt ist als die Venus, dieser ihre gesamte beleuchtete Halbkugel, wenn die beiden Planeten einander am nächsten sind.

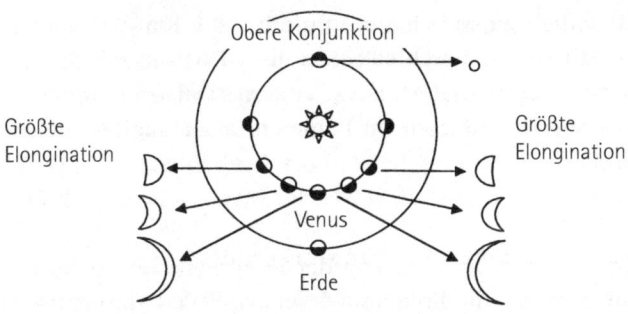

162. Sternschnuppenhäufigkeit

Die Morgenseite der Erde wird sowohl von den Meteoren getroffen, denen sie sich entgegenbewegt, als auch von denen, die sie überholt, während die Abendseite nur von den Meteoren getroffen wird, die sie einholen, wie dies die Zeichnung S. 200 verdeutlicht.

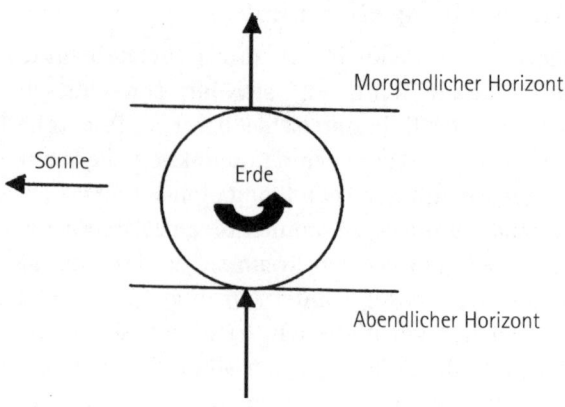

Morgendlicher Horizont

Sonne

Erde

Abendlicher Horizont

163. Die langsam sich drehende Erde

Eigentlich müsste sich die Erde in 15,5 Stunden statt in 24 Stunden um sich selbst drehen. Doch durch die Gezeiteneffekte des Mondes verlangsamt sich die Erdumdrehung. Die anderen Planeten, Mars, Jupiter, Saturn, Uranus und Neptun, haben keine Trabanten, die in Bezug zu ihnen so groß sind, wie es der Mond in Bezug zur Erde ist.

Der Mond selbst wird von der Erde noch viel mehr verlangsamt als die Erde vom Mond, weil das Gravitationsfeld der Erde 81 Mal größer ist als das des Mondes. Ja, in Bezug zur Erde hat sich die Umdrehung des Mondes bis zum völligen Stillstand verlangsamt, sodass uns stets nur eine Seite des Mondes gegenübersteht. Allerdings ist seine Umdrehung in Bezug zur Sonne nicht gestoppt worden. Der Sonnentag des Mondes ist etwa 29,5 Erdentage lang, also genauso lange wie die Zeit zwischen zwei aufeinanderfolgenden Vollmonden.

Die Umdrehungszeit des Merkur wird von den Gezeiten-
effekten der Sonne drastisch verlangsamt und beträgt
inzwischen 58,65 Tage, also zwei Drittel der Umlaufzeit
des Planeten, nämlich 87,97 Tage. Das Verhältnis von
Umdrehungs- und Umlaufzeit beträgt somit 3:2 – Merkur
absolviert drei vollständige Umdrehungen um die eigene
Achse, während er gleichzeitig die Sonne zwei Mal umrundet. Auch Venus wird von der Sonne verlangsamt und
dreht sich in 243 Tagen um die eigene Achse (und zwar
rückwärts!), und damit ist der Venustag nur etwas länger
als die Zeit, die Venus benötigt, um die Sonne zu umrun-
den (225 Tage).

164. Kann die Sonne den Mond stehlen?

Die Sonne vermittelt der Erde praktisch die gleiche zentri-
petale Beschleunigung wie dem Mond. Die Beschleunigungen von Körpern in einem Gravitationsfeld sind unabhängig von ihren Massen. Wenn wir also Erde und Mond
miteinander vergleichen, bleibt als einziger Faktor ihre
relative Entfernung von der Sonne übrig – aber die Differenz ist so gering, dass sie vernachlässigt werden kann.
Folglich sind die Bahnen von Erde und Mond um die
Sonne gleich stark gekrümmt, sodass ihre Entfernung
voneinander praktisch gleich bleibt.

165. Die Bahn des Mondes um die Sonne

Ja. Die Bahn des Mondes um die Erde ist stets konkav in
Bezug zur Sonne. Die tatsächliche Bahn sieht wie ein
regelmäßiges dreizehnseitiges Vieleck aus, dessen Ecken
sacht abgerundet sind (siehe Zeichnung). Um dies zu ver-

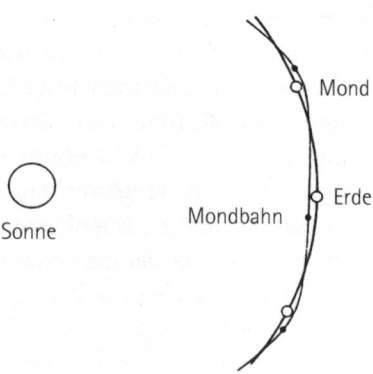

Sonne

Mondbahn

Mond

Erde

stehen, stellen wir uns vor, der Mond stände direkt zwischen Erde und Sonne. In dieser Position wird der Mond von den Gravitationskräften der Erde und der Sonne in entgegengesetzte Richtungen gezogen. Das Verhältnis der zur Sonne gerichteten Kraft zu der zur Erde gerichteten Kraft beträgt annähernd 2,2 : 1. Somit muss dieser Teil der Mondbahn konkav zur Sonne hin gewölbt sein, und so könnte kein anderer Teil der Bahn konvex zur Sonne gewölbt sein.

166. Der Vollmond

Die Oberfläche des Mondes ist voller Krater, von Gebirgen umstandener Ebenen und anderer Unregelmäßigkeiten. Diese Oberflächenmerkmale werfen lange Schatten, wenn sie schräg von der Sonne beleuchtet werden, wie dies während des ersten oder letzten Viertels der Fall ist. Aufgrund dieser Schatten wirkt die Oberfläche dunkler als bei Vollmond, wenn die Sonne auf den überwiegenden Teil der Mondoberfläche direkt von oben scheint.

Beachten Sie, dass aufgrund der exzentrischen Umlaufbahn des Mondes um die Erde ein Vollmond nicht dem anderen gleicht! Die Entfernung zum Mond schwankt zwischen mindestens 354 340 Kilometern (etwa 28 Erddurchmessern) und maximal 404 336 Kilometern (etwa 32 Erddurchmessern), und dementsprechend kann die Leuchtkraft des Vollmonds um bis zu 30 Prozent schwanken. Interessanterweise ist das erste Mondviertel etwa 20 Prozent heller als das letzte Mondviertel.

167. Untergehende Sternbilder

Ja! Die Entfernungen zwischen den einzelnen Sternen in einem Sternbild scheinen sich zu vergrößern, wenn das Sternbild dem Horizont nahe ist. Dieser Effekt ist besonders verblüffend beim Sternbild Orion im Winter und beim Sternbild Schwan im Sommer.

168. Steht der Mond auf dem Kopf?

Die scheinbare Ausrichtung der Mondoberfläche variiert erheblich, und zwar je nach der geographischen Breite des Beobachters und bei einer bestimmten Breite nach der jeweiligen Stellung des Mondes am Himmel. Somit können die Mondberge (helle Gebiete) und -meere (dunkle Gebiete) senkrecht, horizontal, umgekehrt und in allen anderen Zwischenpositionen erscheinen, je nachdem, wo Sie sich auf der Erde befinden. Nehmen wir zum Beispiel zwei Beobachter auf dem gleichen Meridian – der eine ist in Boston, der andere im chilenischen Santiago –, dann wird der Beobachter in Chile den Mond genau verkehrt herum sehen im Vergleich zu seinem Freund in

Boston, und zwar nur, wenn der Mond genau im Süden steht. Zu anderen Zeiten ist die relative Ausrichtung komplizierter.

169. Wie hoch steht der Mond?

Wenn die Ekliptik auf der Taglichtseite der Erde tief liegt, wie im Winter, dann ist sie auf der dunklen Seite entsprechend hoch. Daher steht der Mond in Winternächten hoch und in Sommernächten tief am Himmel, wobei er seine maximale Höhe erreicht, wenn er der Sonne genau gegenüber steht, also bei Vollmond.

170. »Erdaufgang« auf dem Mond?

Nein. Die Mondumdrehung verläuft synchron mit seiner Umdrehung um die Erde. Folglich ist stets dieselbe Halbkugel des Mondes der Erde zugewandt. Dazu kommt noch die Libration, eine »Schaukelbewegung« des Mondes, die es uns ermöglicht, im Laufe der Zeit etwa 59 Prozent der Mondoberfläche zu sehen, obwohl zu einem bestimmten Zeitpunkt höchstens 41 Prozent sichtbar sind, weil die Kugelform des Mondes das Gebiet in der Nähe des Umfangs verdeckt.

Somit wird für einen Beobachter an einem bestimmten Standort auf dem Mond die Erde im Grunde stets am gleichen Punkt am Himmel erscheinen, wobei sie aufgrund der Libration ein wenig um diese Position schwankt. So ist zum Beispiel in der Nähe des Zentrums der sichtbaren Mondhalbkugel die Erde senkrecht darüber zu sehen, wobei sie die gleichen Phasen durchläuft wie der Mond von der Erde aus gesehen.

171. Die Sichtbarkeit von Merkur und Venus

Die Umlaufbahnen von Merkur und Venus liegen zwischen der Sonne und der Erde. Folglich sind sie für einen Himmelsbeobachter nie weit von der Sonne entfernt, wobei ihr maximaler Winkel von der Sonne, die so genannte größte Elongation, bei Merkur 28 Grad und bei Venus 48 Grad beträgt. Wenn die Sonne untergeht, hinken Merkur und Venus nicht weit hinterher.

Mehrere Faktoren sind schuld daran, dass Merkur ziemlich schwer zu sehen ist. Weil seine Umlaufbahn elliptisch und um 7 Grad zur Ebene der Ekliptik geneigt ist, kann die größte Elongation des Planeten bis auf 18 Grad schrumpfen. Außerdem ist Merkur erst dann sichtbar, wenn er mindestens 10 Grad von der Sonne entfernt ist. Folglich beschränken sich die Zeiten der Sichtbarkeit von Merkur, obgleich er so hell sein kann wie einige der hellsten Sterne, auf ein oder zwei Wochen dreimal im Jahr am Abend und dreimal im Jahr vor Sonnenaufgang.

Venus, die nach Sonnenuntergang manchmal noch bis zu vier Stunden lang am Himmel bleibt, ist dagegen ziemlich leicht zu sehen. Interessanterweise kann sie wie der Mond gelegentlich bei vollem Tageslicht sichtbar sein, und Kriegsschiffe sollen schon nach ihr geschossen haben, weil die Besatzung sie für einen feindlichen Ballon hielt ...

172. Die Dichte der Erde

Die Riesenplaneten bestehen vorwiegend aus Gas. Aufgrund ihrer großen Masse ist ihr Gravitationsfeld stark genug, um dieses Gas auch festzuhalten. Alle vier haben nur einen kleinen, sehr dichten Gesteinskern und damit ist die mittlere Dichte viel geringer als die der vier inneren Gesteinsplaneten.

173. Im Westen aufgehen?

Es gibt nur ein paar! Eines dieser Objekte ist der nähere und größere Trabant von Mars, der Mond Phobos, der Mars in 7 Stunden und 39 Minuten umrundet. Diese Zeit ist kürzer als ein Drittel der Umdrehungszeit des Planeten. Folglich ist die ostwärts erfolgende Umlaufbewegung von Phobos am Marshimmel weitaus größer als seine scheinbare, von der Umdrehung des Mars verursachte westwärts erfolgende Bewegung. Somit geht Phobos im Westen auf, galoppiert aus der Sicht eines Beobachters nahe dem Marsäquator in nur 5 1/2 Stunden über den Himmel und geht im Osten unter.

Ein weiteres Objekt ist die Sonne von Venus und Uranus aus gesehen. Aus der Perspektive des Polarsterns drehen sich fast alle Planeten gegen den Uhrzeigersinn um die Sonne ebenso wie um ihre eigene Achse – also von Westen nach Osten. Venus und Uranus sind die einzigen Ausnahmen. Venus dreht sich von Osten nach Westen um ihre Achse, und zwar extrem langsam. Ihr Tag entspricht 243 Erdentagen. Die rückläufige Umdrehung von Venus bewirkt natürlich, dass die Sonne ganz langsam im Westen aufgeht und genauso langsam im Osten untergeht. Die Achse von Uranus liegt fast parallel zur Umlaufebene, sodass sich die Himmelsrichtung, in der die Sonne aufgeht, während eines Umlaufjahres um fast 180 Grad ändert!

Noch merkwürdiger ist das Verhalten der Sonne von der Merkuroberfläche aus gesehen. Wenn sich Merkur dem Perihel nähert, übertrifft die rasche Bewegung des Planeten auf seiner Umlaufbahn seine gemächliche Umdrehung um seine Achse. Die Sonne bleibt tatsächlich stehen und bewegt sich ein paar Erdentage lang rückwärts (von Westen nach Osten). Außerdem haben noch Jupiters äußere vier Trabanten, der Saturnmond Phoebe und der Neptunmond Triton rückläufige Umlaufbahnen um ihren jeweiligen Planeten – vielleicht ein Zeichen dafür, dass sie eingefangene Asteroiden sind.

174. Warum sind die Berge auf dem Mars höher?

Ein Berg kann sich nur bis zu einer bestimmten kritischen Höhe erheben, und die beträgt auf der Erde etwa 30 000 Meter. Jede größere Höhe würde das Gewicht des Bergs bis zu dem Punkt erhöhen, an dem seine Basis sich unter einem derart gewaltigen Druck in eine Flüssigkeit verwandeln würde – und das würde wiederum dazu führen, dass der Berg unter seine kritische Höhe sinken würde. Auf der Oberfläche des Mars ist die Schwerkraft pro Masseeinheit geringer als auf der Erde. Daher sind die Berge leichter und können größere Höhen erreichen.

*175. Zum Mars via Venus fliegen

Mit Hilfe der Unterstützung durch die Schwerkraft, der so genannten Schleudermethode, erfährt das Raumschiff eine elastische Kollision mit der Venus, wobei es nicht zu einem Kontakt kommt. Das Raumschiff bewegt sich dabei in der gleichen allgemeinen Richtung wie die Venus, nähert sich ihr und verlässt sie wieder mit der gleichen relativen Geschwindigkeit in Bezug auf diesen Planeten. Gemessen am Bezugssystem des Sonnensystems gewinnt das Raumschiff einen kleinen Bruchteil der kinetischen Energie der Venus und geht innerhalb dieses Systems aus dem Manöver des Vorbeipendelns mit einer höheren Geschwindigkeit hervor, mit der sie hinter dem Mars herjagt. Der Hin- und

Rückflug zwischen Erde und Mars dauert dann etwa 500 Tage und ist somit über ein Jahr kürzer als bei der Transferellipsen-Methode.

Ungefähr alle 175 Jahre stehen die Riesenplaneten so hintereinander, dass ein Raumschiff mit Hilfe der Schleudermethode an allen vorbeifliegen kann. Die 1977 gestarteten Raumsonden Voyager 1 und 2 nutzten diese Chance für eine Rundtour zu den Riesenplaneten zwischen 1979 und 1989.

*176. Wo sind Sie?

Versuchen Sie, eine Münze auf dem Boden Ihres Raums kreiseln zu lassen. Die Münze wird sich nicht drehen, weil der Drehimpulsvektor eines sich drehenden Objekts aufgrund der Erhaltung des Drehimpulses versucht, seine Orientierung im Raum beizubehalten, während der Fußboden in der Raumstation seine Position im Raum rasend schnell ändert.

*177. Hatte Galilei Recht?

Wir müssen das Problem präziser formulieren. Meinen wir die Beschleunigung eines fallenden Objekts relativ zum Mittelpunkt der Erde oder seine Beschleunigung in Bezug auf das gemeinsame Massenzentrum von Erde und Objekt? Diesen Punkt nennt man das Baryzentrum. Nur die Beschleunigung in Bezug auf das Baryzentrum ist unabhängig von der Masse des Objekts, wenn sie gleich der Stärke des terrestrischen Gravitationsfeldes im Massenzentrum des Objekts ist.

Natürlich beschleunigt sich gleichzeitig die Erde in Richtung des fallenden Objekts – somit ist die Beschleunigung

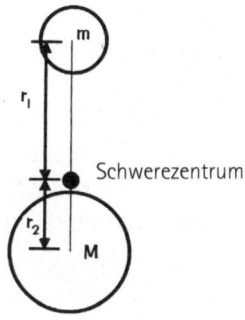

Schwerezentrum

des Objekts zum Erdmittelpunkt hin gleich der Summe der Beschleunigungen von Objekt und Erde. Dieser Effekt nimmt mit der Masse des Objekts zu! Mathematisch formuliert gilt: $mr_1 = Mr_2$ oder $(m + M)r_1 = M(r_1 + r_2)$, und diese Gleichung lässt sich umwandeln in $a_{m-M} = a_{cm}$ $(1 + m/M)$, wobei a_{m-M} die Beschleunigung des Objekts in Bezug auf den Mittelpunkt der Erde ist.

Vielleicht hatte Aristoteles also doch ein richtiges Modell: Schwere Körper fallen schneller als leichte.

Glossar

Äquipotentialfläche Die Oberfläche eines Leiters im statischen Gleichgewicht, in der sein Potential überall den gleichen Wert hat.

Coriolis-Kraft Die nach dem französischen Physiker Gaspard Gustave de Coriolis (1792–1843) benannte Scheinkraft wirkt – neben der Zentrifugalkraft – auf bewegte Körper auf der Oberfläche einer rotierenden Kugel ein. Auf der Erde sorgt sie für eine Ostablenkung freifallender Körper und Luftströmungen.

Impedanz Bezeichnung aller Widerstände gegen einen zeitlich veränderlichen Energietransport. Impedanzen verschieben den zeitlichen Verlauf einer Wirkung und treten vor allem in der Elektrotechnik, der Akustik und der Hydrodynamik auf.

Impulserhaltungssatz Wenn die Summe aller äußeren Kräfte auf ein System null ist, dann bleibt der Gesamtimpuls des Systems konstant.

Kinetische Energie ist die Energie, die in einem sich bewegenden Körper oder System steckt. Sie tritt in den Formen der Translation (Verschiebung), der Rotation und der Schwingung auf und ist proportional dem Quadrat der Geschwindigkeit.

Konvektion Der Transport von Wärmeenergie durch strömende Gase oder Flüssigkeiten. Er übertrifft den Energietransport durch Wärmeleitung (Konduktion), eine Wechselwirkung zwischen Atomen oder Molekülen.

Newtons Axiome Erstes Newton'sches Axiom (Trägheitsprinzip): Ein Körper bleibt in Ruhe oder bewegt sich mit konstanter Geschwindigkeit weiter, wenn keine resultierende äußere Kraft auf ihn wirkt. – Zweites Newton'sches

Axiom (Aktionsprinzip): Wirkt eine Kraft auf einen Körper, so wird er beschleunigt, deformiert oder ändert seine Richtung. Die resultierende äußere Kraft ist die Vektorsumme aller Kräfte, die auf den Körper wirken. – Drittes Newton'sches Axiom (Reaktionsprinzip): Kräfte treten immer paarweise auf. Wenn der Körper A eine Kraft auf den Körper B ausübt, wirkt eine gleich große, aber entgegengesetzt gerichtete Kraft vom Körper B auf den Körper A.

Solarkonstante Die Durchschnittsenergie, die von der Sonne pro Zeit- und Flächeneinheit die obere Erdatmosphäre erreicht. Sie beträgt 1,35 kW/m^2.

Stefan-Boltzmann-Gesetz Die von den österreichischen Physikern Josef Stefan (1835–1893) und Ludwig Eduard Boltzmann (1844–1906) entdeckte Gesetzmäßigkeit, dass die von einem schwarzen Körper abgestrahlte Leistung proportional zu seiner Oberfläche und zur vierten Potenz der absoluten Temperatur ist.

Dank

Es ist schwierig, im Einzelnen allen Menschen zu danken, die dazu beigetragen haben, dass dieses Buch erscheinen konnte.

In grober chronologischer Reihenfolge möchte Christopher Jargodzki folgenden Personen danken:

Martin Gardner, einst Redakteur bei *Scientific American*, der damals die Dinge ins Rollen brachte, indem er dem Verlag Charles Scribner's Sons empfahl, einem unerfahrenen Autor einen Vertrag anzubieten;

dem verstorbenen Richard Feynman, dessen Gastvorträge an der University of California in Irvine ein ständiger Quell der Inspiration waren;

den Professoren Myron Bander und Meinhard Mayer an der UC Irvine; den Professoren Ronald Aaron, Alan H. Cromer, Stephen Reucroft und Carl A. Shiffman von der Northeastern University in Boston; den Professoren Dennis Faulk, Michael Foster, John Gieniec, Robert E. Kennedy, Donald D. Miller, Michael H. Powers, James H. Taylor und Alvin R. Tinsley von der Central Missouri State University; Patricia Hubbard und Crystal Stewart von der CMSU für ihre fachliche Hilfe bei der Texterfassung von Teilen des Manuskripts; Michael Dornan, der mehrere Kapitelüberschriften vorgeschlagen hat; Cheryl Davis sowie Charlotte Cunningham.

Ich, Franklin Potter, möchte dem Physiker Julius Sumner Miller danken, der uns stets dazu anregte, »die kleinen Dinge [zu verstehen], die die Welt in Gang halten«. Schließlich hat er mich in den Achtzigerjahren des vorigen

Jahrhunderts ermutigt, für höhere Semester an der UC Irvine einen Kurs abzuhalten, in dem ich mit Hilfe solcher physikalischer Rätsel für Doktoranden die Physik mit dem Alltagsleben verknüpfte. Vor allem sind meine Frau Patricia und unsere beiden Söhne David und Steven stets eine Quelle der Inspiration für mich und verdienen allen Dank, den ich ihnen abstatten kann.

Beide Autoren möchten Kate C. Bradford, der Lektorin beim Verlag John Wiley & Sons, Inc., danken – sie hat immer an dieses Projekt geglaubt während der vielen Jahre bis zu seiner Vollendung .

Antike Mythen –

Sirenen – die großen Verführerinnen – haben im Mythos wie in der literarischen, bildnerischen und musikalischen Rezeption im Lauf der Geschichte sehr unterschiedliche Deutungen erfahren.

Mythos Sirenen
Texte von Homer bis Dieter Wellershoff
220 Seiten
RT 20153

Mythos Antigone
Texte von Sophokles bis Hochhuth
218 S. | RBL 20100

Mythos Europa
Texte von Ovid bis Heiner Müller
259 S. | 10 Abb. | RBL 20077

Mythos Herkules
Von Pindar bis Peter Weiss
184 S. | RBL 20126

Mythos Iphigenie
Texte von Aischylos bis Volker Braun
191 S. | RBL 20129

Mythos Kassandra
Texte von Aischylos bis Christa Wolf
192 S. | RBL 20114

Mythos Narziß
Texte von Ovid bis Jacques Lacan
320 S. | 25 Abb. | RBL 1661

Reclam

Geschichten ohne Ende

Die ambivalente Frauengestalt, die liebt und mordet, kämpft und zaubert, hat die großen Autoren und Philosophen von der Antike bis in die Gegenwart zu zahlreichen Interpretationen und literarischen Bearbeitungen angeregt.

Mythos Medea
Texte von Euripides bis Christa Wolf
350 Seiten
RT 20006

Mythos Odysseus
Texte von Homer bis Günter Kunert
189 S. | RBL 20107

Mythos Ödipus
Von Homer bis Pasolini
178 S. | RBL 20115

Mythos Orpheus
Texte von Vergil bis Ingeborg Bachmann
293 S. | RBL 1590

Mythos Prometheus
Texte von Hesiod bis René Char
255 S. | RBL 1528

Mythos Pygmalion
Texte von Ovid bis John Updike
259 S. | 23 Abb. | RBL 20053

Mythos Sisyphos
Texte von Homer bis Günter Kunert
286 S. | 47 Abb. | RBL 1738

Reclam

Klassiker im *Taschenbuch*

»Für einen Autor ist es eine tröstliche Aussicht, daß alle Tage neue künftige Leser geboren werden.«
GOETHE

Mark Twain:
Die Abenteuer des Huckleberry Finn
460 Seiten
RT 20148

Vergil
Aeneis
400 Seiten | RT 20150

Wilhelm Busch
680 Seiten | RT 20155

Es genügt, dass die Schönheit unseren Überdruss streift...
Aphorismen
170 Seiten | RT 20141

Reclam

Mit Verstand *und* Gefühl

Jane Austen:
Die sechs Romane
Übersetzt von Ursula und
Christian Grawe
2500 Seiten
6 Bände in Kassette
Best.-Nr. 30036

Emma
Kloster Northanger
Mansfield Park
Stolz und Vorurteil
Überredung
Verstand und Gefühl

Reclam